Relativität und Quantenphysik für das Lehramt Physik

Michael Himpel

Relativität und Quantenphysik für das Lehramt Physik

Michael Himpel
Institut für Physik
Universität Greifswald
Greifswald, Mecklenburg-Vorpommern, DeutschlandEditorial ContactCaroline Strunz

ISBN 978-3-662-70814-9   ISBN 978-3-662-70815-6   (eBook)
https://doi.org/10.1007/978-3-662-70815-6

Die Deutsche Nationalbibliothek verzeichnet diese Publikation in der Deutschen Nationalbibliografie; detaillierte bibliografische Daten sind im Internet über ▶ https://portal.dnb.de abrufbar.

© Der/die Herausgeber bzw. der/die Autor(en), exklusiv lizenziert an Springer-Verlag GmbH, DE, ein Teil von Springer Nature 2025

Das Werk einschließlich aller seiner Teile ist urheberrechtlich geschützt. Jede Verwertung, die nicht ausdrücklich vom Urheberrechtsgesetz zugelassen ist, bedarf der vorherigen Zustimmung des Verlags. Das gilt insbesondere für Vervielfältigungen, Bearbeitungen, Übersetzungen, Mikroverfilmungen und die Einspeicherung und Verarbeitung in elektronischen Systemen.
Die Wiedergabe von allgemein beschreibenden Bezeichnungen, Marken, Unternehmensnamen etc. in diesem Werk bedeutet nicht, dass diese frei durch jede Person benutzt werden dürfen. Die Berechtigung zur Benutzung unterliegt, auch ohne gesonderten Hinweis hierzu, den Regeln des Markenrechts. Die Rechte des/der jeweiligen Zeicheninhaber*in sind zu beachten.
Der Verlag, die Autor*innen und die Herausgeber*innen gehen davon aus, dass die Angaben und Informationen in diesem Werk zum Zeitpunkt der Veröffentlichung vollständig und korrekt sind. Weder der Verlag noch die Autor*innen oder die Herausgeber*innen übernehmen, ausdrücklich oder implizit, Gewähr für den Inhalt des Werkes, etwaige Fehler oder Äußerungen. Der Verlag bleibt im Hinblick auf geografische Zuordnungen und Gebietsbezeichnungen in veröffentlichten Karten und Institutionsadressen neutral.

Springer Spektrum ist ein Imprint der eingetragenen Gesellschaft Springer-Verlag GmbH, DE und ist ein Teil von Springer Nature.
Die Anschrift der Gesellschaft ist: Heidelberger Platz 3, 14197 Berlin, Germany

Wenn Sie dieses Produkt entsorgen, geben Sie das Papier bitte zum Recycling.

Inhaltsverzeichnis

1	**Einleitung**	1
1.1	**Vorwort**	2
1.2	**Mathematische Grundlagen**	2
1.2.1	Trigonometrische Funktionen	3
1.2.2	Komplexe Zahlen	3
1.2.3	Differentialrechnung	3
1.2.4	Integralrechnung	4
1.2.5	Differentialgleichungen	5
2	**Relativität**	7
2.1	**Ätherhypothese**	8
2.1.1	Lorentz-Transformation	9
2.2	**Spezielle Relativitätstheorie**	15
2.2.1	Addition von Geschwindigkeiten	16
2.2.2	Zeitdilatation	16
2.2.3	Längenkontraktion	18
2.2.4	Zeitdilatation vs. Längenkontraktion	19
2.2.5	Energie-Impuls-Beziehung	20
2.2.6	Minkowski-Diagram	24
2.2.7	Abstände im Minkowski-Diagramm	27
2.2.8	Relativistischer Dopplereffekt	27
2.3	**Allgemeine Relativitätstheorie**	29
2.3.1	Das Äquivalenzprinzip	29
2.3.2	Bewegungsgleichung/Geodätengleichung	31
2.3.3	Materiefreie Feldgleichungen	31
2.3.4	Schwarzschild-Metrik	32
2.3.5	Gravitative Rotverschiebung	33
2.3.6	Fall in ein schwarzes Loch	36
2.4	**Exotisches zur Relativität**	37
2.4.1	Einstein-Rosen-Brücke	37
2.4.2	Warp-Antrieb	38
2.4.3	Zeitreisen	39
2.4.4	Dunkle Materie und dunkle Energie	40
3	**Der Weg zur Quantenphysik**	43
3.1	**Historische Atommodelle**	44
3.1.1	Dalton'sches Atommodell	44
3.1.2	Thomson'sches Atommodell	45
3.1.3	Rutherford'sches Atommodell	46
3.2	**Widersprüche der klassischen Physik**	48
3.2.1	Wellenbeschreibung des Lichtes als EM-Welle	48
3.2.2	Hohlraumstrahlung	49
3.2.3	Planck'sche Strahlungsformel	50
3.2.4	Rayleigh-Jeans-Gesetz als Grenzfall	51
3.2.5	Wien'sches Verschiebungsgesetz	51
3.2.6	Stefan-Boltzmann'sches Strahlungsgesetz	53
3.2.7	Exkurs: Spektrum von Leuchtmitteln	54
3.3	**Photoelektrischer Effekt**	55
3.4	**Röntgenstrahlung**	56
3.4.1	Bremsstrahlung	57
3.4.2	Charakteristische Röntgenstrahlung	58

3.4.3	Beugung von Röntgenstrahlen	59
3.4.4	Compton-Effekt	60
3.5	**Wellenbeschreibung von Teilchen**	61
3.5.1	Materiewellen und Wellenfunktionen	62
3.5.2	Wellenpakete	63
3.5.3	Statistische Deutung der Wellenfunktion	65
3.6	**Heisenberg'sche Unbestimmtheitsrelation**	65
3.6.1	Casimir-Effekt	67
3.6.2	Auseinanderlaufen des Wellenpaketes	68
3.7	**Zusammenfassung: Welle-Teilchen Dualismus**	69
4	**Quantenphysik**	71
4.1	**Bohrsches Atommodell**	72
4.1.1	Quantisierung des Drehimpulses	73
4.1.2	Atomspektren	74
4.1.3	Stabilität der Atome	75
4.1.4	Franck-Hertz-Versuch	76
4.2	**Schrödingergleichung**	77
4.2.1	Teilchen im Kastenpotential I	80
4.2.2	Tunneleffekt	82
4.2.3	Zweidimensionales Kastenpotential	83
4.2.4	SGL mit kugelsymmetrischem Potential	84
4.3	**Das Wasserstoffatom**	87
4.3.1	Schrödingergleichung mit Coulomb-Potential	87
4.3.2	Exkurs: Operatoren in der Quantenmechanik	88
4.3.3	Wasserstoffatom im Magnetfeld	91
4.3.4	Quantenmechanischer Drehimpuls	92
4.3.5	Kopplung von Bahndrehimpuls und Magnetfeld	93
4.3.6	Absorption und Emission von Strahlung	94
4.3.7	Spin des Elektrons	95
4.3.8	Spin-Bahn Kopplung	97
4.3.9	Lamb-Shift und Relativistische Korrektur	99
4.4	**Zusammenfassung: Wasserstoff**	100
4.5	**Exotisches zur Quantenphysik**	101
4.5.1	Hawking-Strahlung	101
4.5.2	EPR-Paradoxon	102
4.5.3	Ensemble-Interpretation der Quantenmechanik	103
5	**Demonstrationsexperimente**	105
5.1	**Relativität**	106
5.1.1	Raumkrümmung mit Sektormodellen	106
5.2	**Quantenphysik**	107
5.2.1	Hohlraum	107
5.2.2	Schwarzer Körper	107
5.2.3	Bestimmung des Planck'schen Wirkungsquantums h	108
5.2.4	Photoeffekt mit dem Elektrometer	108
5.2.5	Kontinuierliches Spektrum einer Halogenlampe	110
5.2.6	Linienspektrum einer Quecksilberlampe	111
5.2.7	Franck-Hertz-Versuch	112
5.2.8	Röntgenröhre	113
	Serviceteil	
	Literatur	116
	Stichwortverzeichnis	119

Einleitung

Inhaltsverzeichnis

1.1 Vorwort – 2

1.2 Mathematische Grundlagen – 2

© Der/die Autor(en), exklusiv lizenziert an Springer-Verlag GmbH, DE, ein Teil von Springer Nature 2025
M. Himpel, *Relativität und Quantenphysik für das Lehramt Physik*,
https://doi.org/10.1007/978-3-662-70815-6_1

1.1 Vorwort

Dieses Buch enthält die wesentlichen Inhalte der Vorlesung über Experimentelle Physik 3 (Relativität und Quantenphysik) für das Lehramt Physik, wie sie an der Universität Greifswald stattfindet. Es soll als semesterbegleitende Ergänzung zur Vorlesung für alle Studierenden des Lehramts Physik dienen. An den meisten Universitäten besuchen die angehenden PhysiklehrerInnen (leider) die gleichen Vorlesungen wie die Fachphysiker. Weil das Zeitpensum der Studiengänge sich jedoch deutlich unterscheidet, ist die Fachliteratur der Fachphysik oft zu sehr auf bereits verfügbares mathematisches Wissen und Können gegründet. Die Literatur die die selben Physikthemen für Nebenfächer behandelt bietet widerum nicht genug fachliche Tiefe für GymnasiallehrerInnen. Deswegen sehe ich dieses Buch als Chance, für angehende LehrerInnen auch die fortgeschrittenen Themen der Physik nachvollziehbar präsentieren zu können.

Mir ist bewusst, dass Lehramtsstudierenden weniger Übungszeit als Studierenden der Fachphysik zur Verfügung steht. Deswegen hoffe ich, dass zumindest das Lesen der Rechenwege eine gewisse Gewöhnung an die mathematische Formulierung hervorruft. Ich gebe mir Mühe, die Rechenwege so ausführlich wie möglich darzustellen. Die Rechnungen sollten also für alle mit grundlegendem Mathematikwissen aus den Einführungsveranstaltungen nachvollziehbar sein, obwohl der Detailgrad der Herleitungen an sich nicht verringert wurde.

In diesem Buch werden folgende grafische und stilistische Mittel genutzt:

> **Wichtiger Inhalt**
> So markierte Textbereiche enthalten zentrale Aussagen, die unbedingt bekannt sein sollen.

Kommentare, die den Lesefluss[1] zu sehr beeinträchtigen würden, sind an den Rand gestellt.

[1] Hier ein Beispiel.

Der Teil zur Relativitätstheorie ist etwas ausführlicher als wohl in vielen Vorlesungsreihen zur Thematik üblich. Dies wurde bewusst so umgesetzt, um vornehmlich auf Interessen der SchülerInnen eingehen zu können. Es zeigt sich, dass die SuS ein großes Interesse an Begriffen wie Raumkrümmung, Schwarzen Löchern, oder gar Phänomenen wie Wurmlöchern und Zeitreisen haben. Die zukünftigen LehrerInnen sollen wenigstens grundlegend in die Lage versetzt werden, zu solchen Thematiken fundierte Aussagen zu treffen.

Dieses Buch wird voraussichtlich noch erweitert und ergänzt werden. Ich freue mich sehr über Meldungen von Rechen- oder Rechtschreibfehlern an mich!

1.2 Mathematische Grundlagen

Es zeigt sich immer wieder, dass oft die fehlenden mathematischen Kenntnisse ein deutliches Hindernis darstellen, um die physikalischen Inhalte tatsächlich zu verstehen. Während des Studiums sollte man bei jeder Rechnung, die man nicht nachvollziehen kann, sofort das entsprechende Thema nacharbeiten um nicht wichtige „Aha"-Effekte zu verpassen. Um dieses Nacharbeiten, was natürlich sehr zeitintensiv ist, so weit wie möglich zu reduzieren, habe ich eine Sammlung von Rechnungen zusammengestellt, die hoffentlich die mathematischen Vorkenntnisse abdecken – eine Art Selbsttest. Kursteilnehmer, die bei diesen Aufgaben Probleme haben, müssen so schnell wie möglich diese Wissenslücken schließen! Dazu gehört nicht nur das Lesen der Beispiele in diesem Text, sondern unbedingt auch das eigenständige Lösen entsprechender Aufgaben. Es gibt also zu jedem Problem eine Aufgabe mit vollständiger Lösung und Lösungsweg und noch einige Übungsaufgaben ohne Lösungsweg.

1.2 · Mathematische Grundlagen

1.2.1 Trigonometrische Funktionen

Sie sollten den Umgang mit trigonometrischen Funktionen bereits in der Schulmathematik gelernt haben. Die folgenden Fragen sollten Sie direkt beantworten können oder ggf. das Wissen wieder schnell auffrischen können.

> ▶ Beispiel 1.1

Grundlagen:
- Bestimmen Sie den Wert von $\sin(\pi/4)$
- Bestimmen Sie den Wert von $\sin(\pi/2)$
- Bestimmen Sie den Wert von $\cos(\pi/4)$
- Bestimmen Sie den Wert von $\cos(\pi/2)$
- Was ergeben die Ableitungen $\frac{\partial}{\partial x}\sin(x)$, $\frac{\partial}{\partial x}\cos(x)$?
- geläufige Umformungen: $\sin^2(x) =?$, $\cos^2(x) =?$, $\tan^2(x) =?$, $\sin(x) \cdot \cos(x) =?$

◀

1.2.2 Komplexe Zahlen

Wir benötigen komplexe Zahlen in diesem Semester zur Darstellung von Wellenfunktionen in der Quantenphysik. Zentraler Punkt, um mit den komplexen Zahlen arbeiten zu können ist das Verständnis der eulerschen Formel:

$$e^{ix} = \cos(x) + i\sin(x)$$

Diese kann man nutzen, um die Darstellung komplexer Zahlen zu transformieren ($a + ib$ in $A \cdot e^{i\varphi}$ und umgekehrt). Dabei ist der Betrag A gegeben durch $A = |a + ib| = \sqrt{a^2 + b^2}$ und der Phasenwinkel φ kann durch $\tan(\varphi) = \frac{b}{a}$ bestimmt werden. Für die Phasenwinkel sollte man immer das Bogenmaß nutzen.

> ▶ Beispiel 1.2

Komplexe Zahlen:
- Bestimmen Sie die Exponentialform von $c = 12 + i\sqrt{2}$.

$$A = \sqrt{12^2 + \sqrt{2}^2} = \sqrt{146}$$

$$\varphi = \tan^{-1}\left(\frac{\sqrt{2}}{12}\right) \approx 0{,}1173$$

Damit gilt: $c = 12 + i\sqrt{2} = \sqrt{146} \cdot e^{i \cdot 0{,}1173}$
- Bestimmen Sie den Realteil von $y = 10 \cdot e^{-\frac{i}{2}\pi}$.
- Bestimmen Sie den Radialteil/Betrag von $\Psi = 32\cos\left(\frac{3\pi}{4}\right) + 10i \cdot \sin\left(\frac{3\pi}{4}\right)$.
- Bestimmen Sie die komplex-konjugierte Zahl C_1^* zu: $C_1 = 3 - i \cdot \sqrt{2}$.
- Bestimmen Sie die komplex-konjugierte Zahl C_2^* zu: $C_2 = 3e^{-i \cdot \sqrt{2}}$.

◀

1.2.3 Differentialrechnung

Das Ableiten von Funktionen ist in der Physiklehre der Universität allgegenwärtig. Die Produktregel, Kettenregel und partielles Ableiten sollten geübt werden bis es leicht anwendbare Formalismen sind. Hier ein paar Übungen komplexerer Beispiele um wieder alles aufzufrischen:

> **▶ Beispiel 1.3**

Differenzieren:

- Bestimmen Sie $\frac{dg}{dx}$ von $g(x) = e^{3x-3} \cdot \ln(x^2)$.

  Das Vorgehen ist immer das gleiche: Man analysiert zuerst die „äußeren" Strukturen und geht Schritt für Schritt weiter in die „inneren" Strukturen. Als äußerste Struktur sieht man hier ein Produkt zweier Funktionen die von der gesuchten Variable x abhängen. Also muss man zuerst die Produktregel anwenden:

$$\frac{dg}{dx} = \frac{d(e^{3x-3})}{dx} \cdot \ln(x^2) + (e^{3x-3}) \cdot \frac{d(\ln(x^2))}{dx}$$

  Jede der Funktionen, die nun abgeleitet werden müssen, sind selbst wieder „irgendwelche" Funktionen von x. Also muss man mit der Kettenregel weiter zur Variable vordringen. Die Ableitung von e^x ist e^x, die Ableitung des Logarithmus $\ln(x)$ ist $1/x$.

$$\frac{dg}{dx} = e^{3x-3} \cdot \frac{d(3x-3)}{dx} \cdot \ln(x^2) + (e^{3x-3}) \cdot \frac{1}{x^2} \cdot \frac{d}{dx}x^2$$

  Diese Schritte führen wir jetzt aus und sehen, dass danach keine Verkettungen mehr übrig sind. Das Ergebnis lautet dann nach Kürzen und Ausklammern:

$$\frac{dg}{dx} = e^{3x-3} \cdot 3 \cdot \ln(x^2) + (e^{3x-3}) \cdot \frac{1}{x^2} \cdot 2x = e^{3x-3} \cdot \left(3\ln(x^2) + \frac{2}{x}\right)$$

- Bestimmen Sie $\frac{\partial \zeta}{\partial x}$ von $\zeta(x) = \frac{(1-e^{3x-3})}{3\sqrt{y} \cdot e^{x^2}}$.
- Bestimmen Sie $\frac{d\omega}{dk}$ von $\omega(k) = \cos(kx - \varphi) \cdot \sqrt{\sin(kx - \varphi)}$.

◀

1.2.4 Integralrechnung

Die Integralrechnung ist prinzipiell schwieriger als die rein formale Differentiation. Man ist zum Teil nicht in der Lage, analytische Lösungen für Integrale zu finden und muss numerische Methoden anwenden. In dieser Vorlesung sind aber nur grundlegende Integrale nötig um den Themen zu folgen. Oft haben wir es mit kugelsymmetrischen Problemen zu tun (wie schon in der Vorlesung zur Mechanik oder Elektrodynamik). Deswegen führen die Aussagen oft zu Integralen der Form $\int_{r=r_0}^{\infty} f(r) dr$. Es sollten die Methoden der Substitution und der partiellen Integration bekannt sein.

> **▶ Beispiel 1.4**

Integrieren:

- Bestimmen Sie $\int\limits_{r=r_0}^{\infty} e^{-3r+2} dr$.

  Hier können wir die Substitution anwenden. Ziel ist es dabei, die "komplizierte" Funktion in eine bekannte Form (e^x) zu bringen. Es bietet sich also die Substitution $x = -3r + 2$ an. Man muss aber neben dem Exponenten auch das Differential dr mit der neuen Variable x beschreiben. Dafür erhält man einen Ausdruck durch Ableiten und Umstellen:

$$\frac{dx}{dr} = -3 \to dr = -\frac{1}{3}dx$$

Nun kann man alles Einsetzen:

1.2 · Mathematische Grundlagen

$$\int_{r=r_0}^{\infty} e^{-3r+2} dr = \int_{x_0=(-3r_0+2)}^{-\infty} e^x \left(-\frac{1}{3}\right)$$

$$= \left[-\frac{1}{3} e^x\right]_{-3r_0+2}^{-\infty} dx = \left[(e^{-\infty}) - \left(-\frac{1}{3} e^{-3r_0+2}\right)\right]$$

$$= \frac{1}{3} e^{-3r_0+2}$$

- Bestimmen Sie $\int_{r=r_0}^{\infty} r \cdot e^{-2r} dr$ durch partielle Integration.
- Bestimmen Sie $\int_{r=0}^{\pi} \cos^2(r \cdot t) dr$.

1.2.5 Differentialgleichungen

Wir werden in diesem Buch oft mit Differentialgleichungen arbeiten. Das kreative Lösen komplizierter Gleichungen geht jedoch über den Rahmen der Vorlesung für Lehramtsstudierende hinaus. Dennoch ist es nötig, einfache Differentialgleichungen durch Einsetzen von gegebenen Lösungen oder Ansätzen (Heißer Tipp: *e*-Funktion!) zu analysieren:

▶ Beispiel 1.5

Was lernen wir über die Funktion $\omega(k)$ wenn man in die Schwingungsdifferentialgleichung $\frac{\partial^2 x}{\partial t^2} + \frac{k}{m} x = 0$ einen harmonischen Lösungsansatz $x = x_0 \sin(\omega t - \varphi_0)$ einsetzt? Zunächst bilden wir die geforderte Ableitung der linken Seite der DGL:

$$\frac{\partial x}{\partial t} = x_0 \cos(\omega t - \varphi_0) \cdot \omega$$

$$\frac{\partial^2 x}{\partial t^2} = x_0 \omega \cdot (-1) \cdot \sin(\omega t - \varphi_0) \cdot \omega = -x_0 \omega^2 \sin(\omega t - \varphi_0)$$

Nun kann man x und $\frac{\partial^2 x}{\partial t^2}$ in die DGL einsetzen:

$$-x_0 \omega^2 \sin(\omega t - \varphi_0) + \frac{k}{m} \cdot x_0 \sin(\omega t - \varphi_0)$$

Jetzt kann man durch Kürzen und Umstellen die gesuchte Beziehung zwischen ω und k finden:

$$-\cancel{x_0} \omega^2 \cancel{\sin(\omega t - \varphi_0)} + \frac{k}{m} \cdot \cancel{x_0} \cancel{\sin(\omega t - \varphi_0)} = 0$$

$$\omega(k) = \sqrt{\frac{k}{m}}$$

◀

▶ Beispiel 1.6

Gegeben ist die Differentialgleichung

$$\frac{\hbar^2}{2m} \frac{\partial^2}{\partial x^2} \Psi + E \cdot \Psi(x) = 0$$

Zeigen Sie, dass die Funktion $\Psi(r) = e^{\frac{i}{\hbar}(Et - px)}$ diese DGL löst. Was ergibt sich für eine Bedingung an E? ◀

Diese Aufgaben sollten theoretisch, mit Ausnahme der komplexen Zahlen, mit dem Leistungskurswissen zu Lösen sein. Falls sich gezeigt hat, dass dieses Wissen nicht abrufbar ist muss es mit hoher Priorität nachgeholt werden. Alle hier abgefragten mathematischen Themengebiete werden in diesem Buch verwendet und sind für das Verständnis des Stoffes unabdingbar.

Relativität

Inhaltsverzeichnis

2.1 Ätherhypothese – 8

2.2 Spezielle Relativitätstheorie – 15

2.3 Allgemeine Relativitätstheorie – 29

2.4 Exotisches zur Relativität – 37

© Der/die Autor(en), exklusiv lizenziert an Springer-Verlag GmbH, DE, ein Teil von Springer Nature 2025
M. Himpel, *Relativität und Quantenphysik für das Lehramt Physik*,
https://doi.org/10.1007/978-3-662-70815-6_2

> Meine Herren! Die Anschauungen über Raum und Zeit, die ich Ihnen entwickeln möchte, sind auf experimentell-physikalischem Boden erwachsen. Darin liegt ihre Stärke. Ihre Tendenz ist eine radikale. Von Stund an sollen Raum für sich und Zeit für sich völlig zu Schatten herabsinken und nur noch eine Art Union der beiden soll Selbständigkeit bewahren. (*Hermann Minkowski, 1908*)

Dem Begriff der *modernen Physik* werden auch die Themenbereiche Quantenphysik/Quantenmechanik und Relativitätstheorie zugeordnet. Zunächst soll hier die spezielle Relativitätstheorie (kurz: SRT) und danach die allgemeine Relativitätstheorie (kurz: ART) betrachtet werden. Ebenso wie in der Quantenphysik haben wir es hier mit einem mathematisch sehr anspruchsvollen Gebiet der Physik zu tun – die Sprache der Relativitätstheorie ist die Differentialgeometrie, Tensoralgebra und komplizierte Systeme aus partiellen Differentialgleichungen. Es ist wohl klar, dass wir ein solches Themenfeld niemals bearbeiten können. Mein Ziel bei der Ausarbeitung dieser Thematik ist es, den Teilnehmern die wichtigsten Werkzeuge in die Hand zu geben um die relativistischen Effekte nachvollziehen zu können. Anders als in vielen Einführungsveranstaltungen werde ich aber die Rechnungen stets kompatibel zur allgemeinen Relativitätstheorie halten. Damit das nicht zu schwer wird, werden gezielt einige Beweise und Techniken ausgelassen die nicht unbedingt nötig sind für die hier betrachteten Effekte. Wir bekommen es also nur mit Tensoren zu tun, die wie Vektoren oder Matrizen aussehen. Für die Anwendungen der speziellen Relativitätstheorie in der Schule genügen dann einfache und handliche Gleichungen[1] – für deren Herleitung und ein tieferes Verständnis der Ursachen müssen wir aber dann doch die Mathematik etwas weiter ausführen.

Für die folgenden Kapitel im Themenbereich Relativität habe ich oft auf das Standardwerk zur Einführung in die Relativitätstheorie von Torsten Fließbach [1] zurückgegriffen. Die konkreten Beispiele stammen dann oft aus dem Buch von Alexandra Stillert [2]. Einige Teile des Vorlesungsskriptes von Thomas Filk [3] habe ich für die Aufarbeitung der mathematischen Grundlagen verwendet.

[1] Vektorrechnung wird erst in der Sekundarstufe 2 behandelt.

2.1 Ätherhypothese

Im 19. und im frühen 20. Jahrhundert war die Ätherhypothese vorherrschende Erklärung für die Fortbewegung elektromagnetischer Wellen. Man kann sich diesen Äther als Pendant zur Schallausbreitung vorstellen, die auf ein Medium zur Fortbewegung angewiesen ist, weil nur so die Rückstellkräfte des Mediums die Druckwellen übertragen können. Der Äther soll demnach das Medium sein, in dem sich Fluktuationen des elektrischen und magnetischen Feldes ausbreiten. Die gängige Vorstellung also war, dass es einen ruhenden Äther als Medium allgegenwärtig gibt, und sich elektromagnetische Wellen relativ zu diesem Äther mit der Lichtgeschwindigkeit $c \approx 3 \cdot 10^8$ m/s ausbreiten. Die Erde bewegt sich dabei auf ihrer Bahn durch diesen Äther. Es müsste also eine relative Geschwindigkeit der Erde zum Äther geben – den sogenannten Ätherwind. Um die Geschwindigkeit des Ätherwindes zu bestimmen, unternahmen Michelson und Morley 1887 ihr berühmtes Experiment [4]: Sie haben die Geschwindigkeit der Lichtausbreitung mit einem Interferometer einmal parallel zur Erdbewegung und einmal senkrecht dazu gemessen. Das Experiment wurde oft und unter vielen Bedingungen wiederholt. Das Ergebnis aber war stets: Die Lichtgeschwindigkeit war immer gleich. Die Erde scheint sich nicht relativ zum Äther zu bewegen. Weil es damals keinen Zweifel an der Existenz eines Äthers gab, wurden zwei Konzepte entwickelt um dessen Existenz gewissermaßen zu retten:

2.1 · Ätherhypothese

- Die Erde führt den Äther vollständig mit sich. Dies würde aber nur durch Reibung funktionieren, der Äther an sich muss aber aus anderen Gründen nahezu vollständig reibungsfrei für Materie sein. Hierin haben viele Physiker einen Widerspruch gesehen.
- Hendrik Antoon Lorentz schlug vor, dass sich Abstände relativ zum Äther um den Faktor $\sqrt{1 - v^2/c^2}$ verkürzen könnten – die sogenannte Lorentz-Kontraktion.

Gerade das zweite Konzept könnte die Ätherhypothese retten. Es gab aber Probleme mit der Ursache und Interpretation dieses Ansatzes.

Im Zuge dieser Diskussionen veröffentlichte Albert Einstein im Jahr 1905 im Alter von 26 Jahren den Artikel „Über die Elektrodynamik bewegter Körper" [5]. Dieser Artikel enthält bereits alle Aussagen der speziellen Relativitätstheorie![2] Die zentralen Postulate waren

> **Einstein'sche Postulate**
> - Absolute, gleichförmige Bewegung kann man nicht messen.
> - Die Lichtgeschwindigkeit c ist unabhängig vom Bewegungszustand der Lichtquelle.

[2] Im selben Jahr hatte er übrigens auch die Quantenhypothese zum Photoeffekt veröffentlicht. Das Jahr 1905 wird auch als Einsteins „Wunderjahr" bezeichnet.

Die erste Aussage beinhaltet im Wesentlichen die Erweiterung der Newton'schen Relativität auf alle Phänomene, nicht nur die mechanischen. Demnach sollen nun auch die Maxwell-Gleichungen in allen Inertialsystemen gelten.[3]

Die zweite Aussage ist eine übliche Eigenschaft für Wellen: Die Schallwellen, die von einer Krankenwagensirene ausgehen, breiten sich relativ zur Luft immer mit der gleichen Geschwindigkeit aus, egal ob sich der Krankenwagen relativ zur Luft bewegt oder nicht. Die Geschwindigkeit der Schallwellen hängt einzig und allein von den Eigenschaften der Luft ab.

[3] ...sie sollen also bei Lorentz-Transformation ihre Gültigkeit bewahren

2.1.1 Lorentz-Transformation

Der Weg zu den Erkenntnissen der Relativitätstheorie führt nun über das Verständnis von Bezugssystemen. Man kann die Einstein'schen Postulate verwenden, um eine Transformationsbeziehung zwischen einem unbewegten und einem gleichförmig bewegten Bezugssystem (Inertialsystem) herzuleiten. Dafür legen wir nun zunächst die mathematischen Grundlagen, die zwar zunächst übertrieben scheinen, aber dafür später nahtlos in der allgemeinen Relativitätstheorie anknüpfen. Wir beschreiben im Folgenden die sogenannte *Raumzeit* als 4er Vektoren der Form

$$\mathbf{x} = \begin{pmatrix} x^0 \\ x^1 \\ x^2 \\ x^3 \end{pmatrix} = \begin{pmatrix} ct \\ x_1 \\ x_2 \\ x_3 \end{pmatrix} \quad (2.1)$$

Das 0-te Element dieses Vektors ist also die Strecke $s = c \cdot t$ die ein Lichtstrahl in der Zeit t zurücklegt. Diese Koordinate ist also Ausdruck für die Zeit, aber in den Einheiten eines Weges. Die anderen Komponenten sind dann in einem kartesischen Koordinatensystem die x, y und z-Koordinaten. In ◘ Abb. 2.1 ist ein beispielhaftes Minkowski-Diagramm mit der Zeitachse und einer Raumkomponente x gezeigt. In der Relativitätstheorie schreibt man diese Art von Vektoren statt als Vektor $\mathbf{x}$ günstigerweise nur als Komponenten x^μ. Dabei ist x der Name des Vektors und μ ist eine hochgestellte griechische Zählvariable (manchmal also auch ν oder $\alpha, \beta, \ldots$), die von $0 \ldots 3$ läuft. Hinweis: Man muss stets aufpassen und deutlich kennzeichnen, wenn ein solcher Komponentenvektor potenziert wird, beispielsweise durch Klammersetzung: $(x^\mu)^2$. Wir wer-

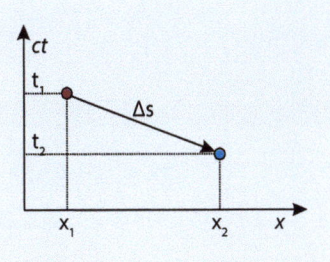

◘ **Abb. 2.1** Ein Minkowski-Diagramm für 2 Ereignisse und der raumzeitliche Abstand zwischen ihnen

den auch tiefgestellten Komponenten begegnen (x_μ). Man nennt diese Größen ko- und kontravariante Tensoren bzw. Vektoren. Im Rahmen dieses Lehrbuches sind die Details hierzu nicht unbedingt notwendig und es wird nicht näher darauf eingegangen.

Es werden im Laufe der Rechnungen sehr häufig Summen der Komponenteneinträge von Vektoren zustandekommen. Es ist daher zweckmäßig eine Konvention einzuführen um sich das ständige Benutzen des Summenzeichens zu ersparen:

> **Einstein'sche Summenkonvention**
> Über doppelt auftretende Indizes auf einer Seite einer Gleichung wird summiert, wenn ein Index oben und der andere unten steht.

$$x_\mu x^\mu = \sum_\mu x_\mu x^\mu = x_0 x^0 + x_1 x^1 + x_2 x^2 + x_3 x^3$$

Wir nutzen diese Summenkonvention nun testweise, um die Wegelemente für bekannte Koordinatensysteme darzustellen. Im zweidimensionalen kartesischen Koordinatensystem (x, y) berechnet man das Wegelement ds bekanntlich durch

$$ds^2 = dx^2 + dy^2 = 1 \cdot (dx^1)^2 + 1 \cdot (dx^2)^2 \qquad (2.2)$$

In der Formulierung mit der Summenkonvention geht es uns um den Vektor x mit den Komponenten $x^\mu = (x^1, x^2) = (x, y)$. Die Differentiale lauten dann also $dx^\mu = (dx^1, dx^2)$. Wie kann man diese Summe aus zwei Summanden nun durch die Summenkonvention beschreiben? Bei unserem erwünschten Ausdruck stehen beide Indizes oben. Der erste offensichtliche Versuch $dx_\mu dx^\mu$ ergibt leider $dx_1 dx^1 + dx_2 dx^2$, dass ist nicht genau das was wir wollen, da es hier jetzt auch untere Indizes gibt. Man kann durch einen kleinen Umweg[4] mit einer Hilfsfunktion $g_{\mu\nu}$ arbeiten. Mit der Summenkonvention berechnet man damit ds^2 durch

$$ds^2 = g_{\mu\nu} dx^\mu dx^\nu$$

Dies sieht erstmal sehr ungewohnt aus. Es stellt sich hier jetzt die Frage, welche Werte der $g_{\mu\nu}$-Term haben muss, damit auch das erwünschte Wegelement herauskommt. Auf der rechten Seite der Gleichung stehen die Indizes μ und ν jeweils einmal unten und oben, hier haben wir es also mit einer Summe gemäß Konvention zu tun und lösen diese nun auf:

$$ds^2 = \sum_\mu \left(\sum_\nu g_{\mu\nu} dx^\mu dx^\nu \right) = \sum_\mu \left(g_{\mu 0} dx^\mu dx^0 + g_{\mu 1} dx^\mu dx^1 \right)$$
$$= g_{00} dx^0 dx^0 + g_{01} dx^0 dx^1 + g_{10} dx^1 dx^0 + g_{11} dx^1 dx^1$$
$$= g_{00} (dx^0)^2 + g_{01} dx^0 dx^1 + g_{10} dx^1 dx^0 + g_{11} (dx^1)^2$$

Übrigens ist das Ergebnis identisch, wenn man zunächst über μ und dann über ν summiert. Durch Vergleich mit ▶ Gl. 2.2 können wir nun die entsprechenden Elemente für $g_{\mu\nu}$ ermitteln:

$$g_{00} = 1 \qquad g_{01} = 0 \qquad g_{10} = 0 \qquad g_{11} = 1 \qquad (2.3)$$

Mit diesen Werten erhalten wir also für $g_{\mu\nu} dx^\mu dx^\nu$ nach dem Berechnen der Summe $ds^2 = dx^2 + dy^2$. Die Größe g bestimmt also, was wir als Wegelement für unsere Koordinaten erhalten. Man nennt $g_{\mu\nu}$ dementsprechend den „metrischen Tensor" oder auch „die Metrik". Für dreidimensionale kartesische

---

[4] ...der sich später noch als Abkürzung herausstellen wird...

Koordinaten $x^\mu = (x^1, x^2, x^3)$ kann man sich nun leicht denken, dass die Metrik dann lauten muss:

$$g_{11} = g_{22} = g_{33} = 1 \quad ; \text{sonstige } g_{\mu\nu} = 0$$

Die Einträge der Metrik kann man auch in Matrix-Form darstellen, falls dies der Übersichtlichkeit hilft. Dann sehen die beiden Beispiele also wie folgt aus:

$$g_{\mu\nu}^{\text{2D-kart}} = \begin{pmatrix} 1 & 0 \\ 0 & 1 \end{pmatrix} \qquad g_{\mu\nu}^{\text{3D-kart}} = \begin{pmatrix} 1 & 0 & 0 \\ 0 & 1 & 0 \\ 0 & 0 & 1 \end{pmatrix}$$

Es fällt auf, dass die Metrik stets nur konstante Werte, 0 oder 1, enthält und nicht von den Koordinaten selbst abhängt. Eine solche Metrik nennt man „flach". Es sind aber, ohne das wohl näher darauf eingegangen wurde, auch schon nicht-flache (also gekrümmte) Metriken bekannt. Aus der Mechanik-Vorlesung sollten noch die Polarkoordinaten und die Sphärischen Koordinaten bekannt sein. Für diese gelten die Wegelemente

$$(ds^2)^{\text{polar}} = dr^2 + r^2 d\varphi^2$$
$$(ds^2)^{\text{kugel}} = dr^2 + r^2 d\theta^2 + r^2 (\sin\theta)^2 d\varphi^2$$

und deshalb lauten diesmal die Einträge für die Metrik

$$g_{\mu\nu}^{\text{polar}} = \begin{pmatrix} 1 & 0 \\ 0 & r^2 \end{pmatrix} \qquad g_{\mu\nu}^{\text{kugel}} = \begin{pmatrix} 1 & 0 & 0 \\ 0 & r^2 & 0 \\ 0 & 0 & r^2(\sin\theta)^2 \end{pmatrix}$$

wie man direkt durch Vergleich der Koeffizienten vor den $(dx^\mu)^2$-Einträgen ablesen kann. In der speziellen Relativitätstheorie betrachten wir eine flache Geometrie wie in den Fällen der kartesischen Koordinaten. Als wichtige Änderung wird nun aber die Zeit als 0-te Komponente hinzugefügt. Durch die Einführung der Zeit gibt es aber eine Besonderheit für die Berechnung des Wegelementes zu beachten. Der Abstand zwischen zwei *Ereignissen*,[5] $x_1^\mu = (ct_1, x_1^1, x_1^2, x_1^3)$ und $x_2^\mu (ct_2, x_2^1, x_2^2, x_2^3)$ ist etwas anderes als allein der räumliche Abstand zweier Vektoren. Im sogenannten Minkowski-Diagramm in ◘ Abb. 2.1 ist der Abstand zweier Ereignisse eingezeichnet. Dabei ist die Betrachtung zur besseren Übersichtlichkeit auf eine Raumdimension x beschränkt. Wir definieren den Abstand (und damit auch zwangsweise das Wegelement) als

$$\Delta s^2 = \underbrace{c^2(t_2 - t_1)^2}_{\text{zeitl. Abstand}} \underbrace{-(x_2^1 - x_1^1)^2 - (x_2^2 - x_1^2)^2 - (x_2^3 - x_1^3)^2}_{\text{minus räuml. Abstand}}$$

[5] Man spricht von Punkten in der Raumzeit allgemein als „Ereignis".

Die wesentliche Neuerung hierbei ist das Minuszeichen vor den Raumkomponenten. Wir werden sehen, dass diese ungewohnte Definition des Abstandes die Formulierung der speziellen Relativitätstheorie sehr angenehm macht. Mit der Summenkonvention und einer Metrik lautet dieser Abstand

> **Wegelement in Minkowski-Raumzeit**

$$(ds)^2 = \eta_{\mu\nu} dx^\mu dx^\nu = (c \cdot dt)^2 - (dx^1)^2 - (dx^2)^2 - (dx^3)^2 \qquad (2.4)$$

[6] Die Minkowski-Metrik kann auch mit umgekehrten Vorzeichen definiert werden. Dies ist Konvention und muss bedacht werden wenn man sich verschiedener Literaturvorlagen bedient!

Hierbei wird $\eta_{\mu\nu}$ als Minkowski-Metrik bezeichnet und wegen der Wichtigkeit in der speziellen Relativitätstheorie mit einem eigenen Formelzeichen η statt g bedacht. Die Elemente der Metrik lauten nun[6]

> **Minkowski Metrik**

$$\eta_{\mu\nu} = \text{diag}(1, -1, -1, -1) = \begin{pmatrix} 1 & 0 & 0 & 0 \\ 0 & -1 & 0 & 0 \\ 0 & 0 & -1 & 0 \\ 0 & 0 & 0 & -1 \end{pmatrix} \quad (2.5)$$

Um etwas Übung im Umgang mit dieser Summenkonvention zu bekommen, nutzen wir nun die Minkowski Metrik, um das Wegelement (wie in ▶ Gl. 2.4) in der 4-dimensionalen Raumzeit für die Koordinaten $x^\mu = (ct, x^1, x^2, x^3)$ zu bestimmen. Zur Erinnerung: Im dreidimensionalen kartesischen System würde man das Wegelement berechnen gemäß $(ds)^2 = (dx)^2 + (dy)^2 + (dz)^2$. Dies entspricht dem Satz des Pythagoras in einem kartesischen Koordinatensystem. In der Minkowski-Raumzeit erhält man das Wegelement durch Aufsummieren von $\eta_{\mu\nu}dx^\mu dx^\nu$. Hier soll zur Übung ganz ausführlich vorgegangen werden:

$$(ds)^2 = \eta_{\mu\nu}dx^\mu dx^\nu = \sum_\mu \sum_\nu \eta_{\mu\nu}dx^\mu dx^\nu$$

$$= \sum_\mu \left(\eta_{\mu 0}dx^\mu dx^0 + \eta_{\mu 1}dx^\mu dx^1 + \eta_{\mu 2}dx^\mu dx^2 + \eta_{\mu 3}dx^\mu dx^3 \right)$$

$$= \sum_\mu \left(\eta_{\mu 0}dx^\mu dx^0 \right) + \sum_\mu \left(\eta_{\mu 1}dx^\mu dx^1 \right) + \sum_\mu \left(\eta_{\mu 2}dx^\mu dx^2 \right) + \sum_\mu \left(\eta_{\mu 3}dx^\mu dx^3 \right)$$

Bevor die zweite Summe über μ berechnet wird, schauen wir uns $\eta_{\mu\nu}$ genauer an. Es gibt nur Elemente in der Hauptdiagonalen – alle anderen Elemente mit $\mu \neq \nu$ werden zu Null. Bei den 4 Summen über $\mu = 0\ldots 3$ werden nun alle Elemente mit $\mu \neq \nu$ direkt weggelassen und es bleibt nur:

$$(ds)^2 = \underbrace{\eta_{00}}_{=1} dx^0 dx^0 + \underbrace{\eta_{11}}_{=-1} dx^1 dx^1 + \underbrace{\eta_{22}}_{=-1} dx^2 dx^2 + \underbrace{\eta_{33}}_{=-1} dx^3 dx^3$$

Dies entspricht dem vorher in ▶ Gl. 2.4 definierten Wegelement für die Minkowski-Raumzeit.

Wir haben jetzt alle Mittel zur Verfügung um die Lorentz-Transformation, das zentrale Element der speziellen Relativitätstheorie, herzuleiten. Die Einstein'schen Postulate besagen, dass die Lichtgeschwindigkeit in allen Inertialsystemen gleich sein soll. Das heißt die Lichtgeschwindigkeit ist einerseits $\frac{\Delta \mathbf{x}}{\Delta t} = c$, und muss andererseits auch in einem anderen Inertialsystem (mit ' gekennzeichnet) $\frac{\Delta \mathbf{x}'}{\Delta t'} = c$ sein. Das führt uns wegen $(c\Delta t)^2 = (\Delta \mathbf{x})^2$ zu

$$\underbrace{(c\Delta t)^2 - (\Delta \mathbf{x})^2}_{(ds)^2} = 0 = \underbrace{(c\Delta t')^2 - (\Delta \mathbf{x}')^2}_{(ds')^2}$$

Wir können also das Relativitätsprinzip und die Konstanz der Lichtgeschwindigkeit miteinander in der Aussage kombinieren, dass

- Das Wegelement $(ds)^2$ konstant ist
- Eine Transformation in ein anderes Inertialsystem das Wegelement $(ds)^2$ nicht ändern darf $((ds)^2 = (ds')^2)$.

2.1 · Ätherhypothese

Wir suchen also genau diese Transformationen, die das Wegelement nicht verändern wenn man sich gedanklich in ein anderes Inertialsystem begibt. Wir erinnern uns: Ein Inertialsystem darf sich nur durch eine konstante Geschwindigkeit im Vergleich zum Ursprungssystem unterscheiden. Daher suchen wir eine Transformation $\Lambda(\mathbf{v})$ der Form

$$\begin{pmatrix} ct' \\ x'_1 \\ x'_2 \\ x'_3 \end{pmatrix} = \Lambda(\mathbf{v}) \begin{pmatrix} ct \\ x_1 \\ x_2 \\ x_3 \end{pmatrix}$$

Die einzelnen Koordinaten transformieren sich dann gemäß

$$(x^\mu)' = \Lambda^\mu_\nu x^\nu = \Lambda^\mu_0 x^0 + \Lambda^\mu_1 x^1 + \Lambda^\mu_2 x^2 + \Lambda^\mu_3 x^3$$

oder ausgeschrieben für den allgemeinsten Fall:

$$(x^0)' = \Lambda^0_\nu x^\nu = \Lambda^0_0 x^0 + \Lambda^0_1 x^1 + \Lambda^0_2 x^2 + \Lambda^0_3 x^3$$
$$(x^1)' = \Lambda^1_\nu x^\nu = \Lambda^1_0 x^0 + \Lambda^1_1 x^1 + \Lambda^1_2 x^2 + \Lambda^1_3 x^3$$
$$(x^2)' = \Lambda^2_\nu x^\nu = \Lambda^2_0 x^0 + \Lambda^2_1 x^1 + \Lambda^2_2 x^2 + \Lambda^2_3 x^3$$
$$(x^3)' = \Lambda^3_\nu x^\nu = \Lambda^3_0 x^0 + \Lambda^3_1 x^1 + \Lambda^3_2 x^2 + \Lambda^3_3 x^3$$

Jetzt geht es daran, die einzelnen Einträge dieser Matrix Λ, die von $\mathbf{v}$ abhängen darf, zu bestimmen. Der Einfachheit halber gehen wir von einer Bewegung nur in x-Richtung aus. Die Komponenten $x^2 = (x^2)'$ und $x^3 = (x^3)'$ bleiben also von der Transformation unangetastet und die Geschwindigkeit v hat nur eine Komponente v_x in x-Richtung. Durch die Annahme, dass $x^2 = (x^2)'$ und $x^3 = (x^3)'$ gilt, lassen sich bereits viele Einträge bestimmen. Damit die beiden letzten Gleichungen diese Forderung erfüllen, muss gelten:

$$\Lambda^2_0 = \Lambda^2_1 = \Lambda^2_3 = \Lambda^3_0 = \Lambda^3_1 = \Lambda^3_2 = 0 \qquad \Lambda^2_2 = \Lambda^3_3 = 1$$

Außerdem dürfen dann die Komponenten x^2 und x^3 auch für die Transformation von x^0 und x^1 keinen Einfluss haben, weil sie ja auch auch beliebig $x^2 = x^3 = 0$ gesetzt werden können. Also entfallen vier weitere Elemente von Λ:

$$\Lambda^0_2 = \Lambda^0_3 = \Lambda^1_2 = \Lambda^1_3 = 0$$

Nach der Elimination von vielen Einträgen bleiben nur vier gesuchte Elemente von Λ übrig die nicht 0 oder 1 sind:

$$(x^0)' = \Lambda^0_\nu x^\nu = \Lambda^0_0 x^0 + \Lambda^0_1 x^1$$
$$(x^1)' = \Lambda^1_\nu x^\nu = \Lambda^1_0 x^0 + \Lambda^1_1 x^1$$
$$(x^2)' = \Lambda^2_\nu x^\nu = x^2$$
$$(x^3)' = \Lambda^3_\nu x^\nu = x^3$$

Das transformierte Wegelement wird in Komponentenschreibweise wie folgt geschrieben:

$$(\mathrm{d}s')^2 = \eta_{\mu\nu} (\mathrm{d}x^\mu)' (\mathrm{d}x^\nu)'$$

Jedes Differential $(\mathrm{d}x^\mu)'$ wird nun durch die transformierte Koordinate $(\mathrm{d}x^\mu)' = \Lambda^\mu_\nu \mathrm{d}x^\nu$ ersetzt. Bei dieser Ersetzung von Termen muss man allerdings vorsichtig sein. Wir müssen hier explizit die Reihenfolge der Summation vorgeben: Es muss zuerst die Koordinate transformiert werden ($\sum \Lambda^\mu_\nu \mathrm{d}x^\nu$) und dann soll über die Metrik summiert werden. Damit diese Summe also auch das bedeutet, was wir beabsichtigen, nutzen wir neue Zählindices α und β. Das ergibt

$$\eta_{\mu\nu}(dx^\mu)'(dx^\nu)' = \eta_{\mu\nu} \cdot \Lambda^\mu_\alpha dx^\alpha \cdot \Lambda^\nu_\beta dx^\beta = \eta_{\mu\nu} \cdot \Lambda^\mu_\alpha \Lambda^\nu_\beta dx^\alpha dx^\beta \, ,$$

was gemäß $(ds')^2 = (ds)^2$ zu

$$\eta_{\mu\nu} \Lambda^\mu_\alpha \Lambda^\nu_\beta dx^\alpha dx^\beta = \eta_{\alpha\beta} dx^\alpha dx^\beta$$

führt. Aus dieser Gleichung kann man direkt ablesen, dass

$$\eta_{\mu\nu} \Lambda^\mu_\alpha \Lambda^\nu_\beta = \eta_{\alpha\beta} \qquad (2.6)$$

gelten muss. Dies ergibt einige Gleichungen zur Bestimmung der Einträge von Λ. Weil wir uns hier auf die x-Richtung beschränkt haben (y und z-Richtung werden also nicht transformiert), kann man sich wie oben gezeigt auf wenige Komponenten von Λ beschränken:

$$\Lambda = \left(\Lambda^\alpha_\beta\right) = \begin{pmatrix} \Lambda^0_0 & \Lambda^0_1 & 0 & 0 \\ \Lambda^1_0 & \Lambda^1_1 & 0 & 0 \\ 0 & 0 & 1 & 0 \\ 0 & 0 & 0 & 1 \end{pmatrix} \, .$$

Hierfür wurde der obere Index von Λ als Zeilenindex einer Matrix, der untere Index als Spaltenindex geschrieben. Um weniger schreiben zu müssen, beschränken wir uns auf den relevanten Teil dieser Matrix – also die obere linke Ecke. Die Bestimmung der einzelnen Einträge dieser Komponenten ist nun eng an die Vorgehensweise in [6] angelegt. Wir haben es also für die ▶ Gl. 2.6 zu tun mit den Tensoren

$$\Lambda^\alpha_\beta = \begin{pmatrix} \Lambda^0_0 & \Lambda^0_1 \\ \Lambda^1_0 & \Lambda^1_1 \end{pmatrix} \qquad \text{und} \qquad \eta_{\alpha\beta} = \begin{pmatrix} 1 & 0 \\ 0 & -1 \end{pmatrix} \, . \qquad (2.7)$$

Damit kann man nun aus $\eta_{\mu\nu} \Lambda^\mu_\alpha \Lambda^\nu_\beta = \eta_{\alpha\beta}$ für die möglichen Kombinationen von α und β Gleichungen für die jeweiligen Komponenten aufstellen. Als Beispiel soll das nun für die erste Kombination $\alpha = 0$ und $\beta = 0$ gezeigt werden:

$$\eta_{00} = \Lambda^\mu_0 \Lambda^\nu_0 \eta_{\mu\nu} = \sum_\mu \Lambda^\mu_0 \left(\sum_\nu \Lambda^\nu_0 \eta_{\mu\nu} \right) \qquad (2.8)$$

$$= \sum_\mu \Lambda^\mu_0 \left(\Lambda^0_0 \eta_{\mu 0} + \Lambda^1_0 \eta_{\mu 1} \right) \qquad (2.9)$$

$$= \Lambda^0_0 \left(\Lambda^0_0 \underbrace{\eta_{00}}_{=1} + \Lambda^1_0 \underbrace{\eta_{01}}_{=0} \right) + \Lambda^1_0 \left(\Lambda^0_0 \underbrace{\eta_{10}}_{=0} + \Lambda^1_0 \underbrace{\eta_{11}}_{=-1} \right) \qquad (2.10)$$

$$1 = \left(\Lambda^0_0\right)^2 - \left(\Lambda^1_0\right)^2 \qquad (2.11)$$

Für die anderen 3 Kombinationen von α und β ergeben sich ganz ähnliche Gleichungen. Davon sind zwei identisch – es bleiben also insgesamt 3 nutzbare Gleichungen übrig:

$$\left(\Lambda^0_0\right)^2 - \left(\Lambda^1_0\right)^2 = 1 \qquad -\left(\Lambda^1_1\right)^2 + \left(\Lambda^0_1\right)^2 = -1$$
$$\Lambda^0_0 \Lambda^0_1 - \Lambda^1_0 \Lambda^1_1 = 0$$

Diese Gleichungen (klarer Hinweis für die Kenner durch die $a^2 - b^2 = 1$-Form) lassen sich durch hyperbolische Funktionen lösen. Es folgt daher für die Lorentz-Transformation

2.2 · Spezielle Relativitätstheorie

$$\begin{pmatrix} \Lambda_0^0 & \Lambda_1^0 \\ \Lambda_0^1 & \Lambda_1^1 \end{pmatrix} = \begin{pmatrix} \cosh\psi & -\sinh\psi \\ -\sinh\psi & \cosh\psi \end{pmatrix}.$$

Wie transformiert sich jetzt also konkret die x-Koordinate für ein mit Geschwindigkeit v bewegtes Bezugssystem (siehe auch ◘ Abb. 2.2)? In dem ruhenden System gilt wie üblich $x^1 = v \cdot t$. Für die $(x^1)'$-Komponente ergibt sich

$$(x^1)' = 0 = \Lambda_0^1 ct + \Lambda_1^1 x^1 = \Lambda_0^1 ct + \Lambda_1^1 vt.$$

Wir wollen hier den Koordinatenursprung (deswegen $(x^1)' = 0$) betrachten. Aus dieser Gleichung ergibt sich durch Umstellen

$$-\frac{\Lambda_0^1}{\Lambda_1^1} = \frac{v}{c} = -\frac{-\sinh\psi}{\cosh\psi} = \tanh\psi. \qquad (2.12)$$

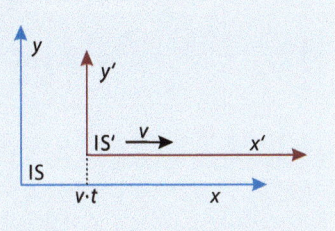

◘ **Abb. 2.2** Ein Inertialsystem IS' bewegt sich relativ zum System IS mit einer konstanten Geschwindigkeit v

Daraus kann man nun einen Ausdruck für $\psi = \operatorname{arctanh}(\frac{v}{c})$ erhalten und durch Nutzung der Definitionen der Hyperbolischen Funktionen die folgenden Ausdrücke finden:

$$-\sinh\left(\operatorname{arctanh}\left(\frac{v}{c}\right)\right) = -\frac{\left(\frac{v}{c}\right)}{\sqrt{1-\left(\frac{v}{c}\right)^2}} \qquad (2.13)$$

$$\cosh\left(\operatorname{arctanh}\left(\frac{v}{c}\right)\right) = \frac{1}{\sqrt{1-\left(\frac{v}{c}\right)^2}}. \qquad (2.14)$$

Damit können wir nun endlich die Komponenten der Lorentz-Transformation konkret angeben. Zur Vereinfachung wird nun der Term γ statt $\frac{1}{\sqrt{1-\frac{v^2}{c^2}}}$ verwendet:[7]

[7] Mit dieser Abkürzung muss man vorsichtig sein. In verschiedenen Lehrbüchern wird γ unterschiedlich genutzt. Manchmal gilt auch $\gamma = \sqrt{1-\left(\frac{v}{c}\right)^2}$ oder $\gamma = \left(\frac{v}{c}\right)^2$

> **Lorentz-Transformation**

$$(x^\mu)' = \Lambda_\nu^\mu x^\nu \quad \text{mit} \quad \Lambda_\nu^\mu = \begin{pmatrix} \frac{1}{\sqrt{1-\left(\frac{v}{c}\right)^2}} & -\frac{\left(\frac{v}{c}\right)}{\sqrt{1-\left(\frac{v}{c}\right)^2}} & 0 & 0 \\ -\frac{\left(\frac{v}{c}\right)}{\sqrt{1-\left(\frac{v}{c}\right)^2}} & \frac{1}{\sqrt{1-\left(\frac{v}{c}\right)^2}} & 0 & 0 \\ 0 & 0 & 1 & 0 \\ 0 & 0 & 0 & 1 \end{pmatrix} = \begin{pmatrix} \gamma & -\gamma\cdot\frac{v}{c} & 0 & 0 \\ -\gamma\cdot\frac{v}{c} & \gamma & 0 & 0 \\ 0 & 0 & 1 & 0 \\ 0 & 0 & 0 & 1 \end{pmatrix}$$

$$(2.15)$$

2.2 Spezielle Relativitätstheorie

Die spezielle Relativitätstheorie folgt nun ausschließlich aus den bereits gefundenen Zusammenhängen. Wir werden also für die folgenden Effekte nur die gefundene Lorentz-Transformation auf verschiedenen Wegen anwenden. Zur Einführung wollen wir versuchen, zwei Geschwindigkeiten im Rahmen der speziellen Relativitätstheorie zu addieren.

2.2.1 Addition von Geschwindigkeiten

In der klassischen Mechanik wird oft die Vorstellung eines fahrenden Zuges verwendet um Bezugssysteme zu illustrieren. Wenn man von einem fahrenden Zug (v_{Zug}) aus eine Pistolenkugel abfeuert ($v_{Projektil}$) wird die Geschwindigkeit für den ruhenden Beobachter mit $v = 0$ selbstverständlich $v_{Zug} + v_{Projektil}$ sein. So einfach ist es nun in der Relativitätstheorie nicht mehr, den sonst könnte man ja leicht auf Geschwindigkeiten größer als c addieren.

Für die korrekte relativistische Addition zweier Geschwindigkeiten muss man zweimal hintereinander eine Lorentz-Transformation durchführen. Die Transformationsmatrizen Λ multiplizieren sich dann also zu

$$\Lambda\Big|_{v_1+v_2} = \Lambda\Big|_{v_1} \cdot \Lambda\Big|_{v_2} = \begin{pmatrix} \cosh\psi_1 & -\sinh\psi_1 \\ -\sinh\psi_1 & \cosh\psi_1 \end{pmatrix} \cdot \begin{pmatrix} \cosh\psi_2 & -\sinh\psi_2 \\ -\sinh\psi_2 & \cosh\psi_2 \end{pmatrix}.$$

Wenn man diese Matrixmultiplikation ausführt, kann man noch Additionstheoreme für die hyperbolischen Funktionen anwenden und erhält

$$\Lambda\Big|_{v_1+v_2} = \begin{pmatrix} \cosh(\psi_1+\psi2) & -\sinh(\psi_1+\psi2) \\ -\sinh(\psi_1+\psi2) & \cosh(\psi_1+\psi2) \end{pmatrix}.$$

Wenn man das ψ_1 und ψ_2 wieder mit ▶ Gl. 2.12 durch die entsprechenden Ausdrücke mit v_1 und v_2 ersetzt, erhält man

> **relativistische Addition von Geschwindigkeiten**
>
> $$v_{1+2} = \frac{v_1 + v_2}{1 + \frac{v_1 \cdot v_2}{c^2}}$$

In ◘ Abb. 2.3 ist das Verhalten der Geschwindigkeitsaddition gezeigt. Wir gehen dabei von einer Geschwindigkeit v_2 aus, zu der im Bereich von $v_2 = 0$ bis $v_2 = c$ jeweils eine zweite Geschwindigkeit $v_1 = 0{,}9\,c$ addiert wird. Selbst bei hohen Geschwindigkeiten von $v_2 = 0{,}5\,c$ in der Mitte der Kurve, führt die Addition mit $0{,}9\,c$ „nur" zu einer resultierenden Geschwindigkeit von etwa $v_2 + 0{,}9\,c \approx 0{,}96\,c$.

2.2.2 Zeitdilatation

Den Effekt, der Zeitdilatation genannt wird, kann man durch die Bedingung der Invarianz des Wegelementes herleiten. Es geht dabei um die Entwicklung der Zeitkoordinate in einem mit konstanter Geschwindigkeit bewegten Bezugssystem. Die Zeitkoordinate τ im bewegten System IS' ist die Zeit, die eine dort ruhende Uhr anzeigen würde. Wir selbst schauen nun ruhend im System IS dieser bewegten Uhr zu und wollen unsere Zeitkoordinaten $c\,\mathrm{d}t$ mit der bewegten Uhr $c\,\mathrm{d}\tau$ vergleichen. Das Inertialsystem IS' bewege sich beispielsweise mit der konstanten Geschwindigkeit v von uns weg. Wir betrachten nun, wie in den beiden Inertialsystemen die Wegelemente beschrieben werden.

Hierfür versetzen wir uns zunächst in den Standpunkt des sich bewegenden Bezugssystems IS', wo alle Koordinaten zur Kenntlichkeit mit einem Strich versehen sind. Wir definieren unsere Ortskoordinaten der Einfachheit halber als Nullpunkt ($x' = y' = z' = 0$). Wir selbst ruhen in unserem Bezugssystem (also zum Beispiel im Raumschiff). Unserere Geschwindigkeit in unserem Bezugssystem ist also 0 und es gilt

$$\frac{\mathrm{d}x'}{\mathrm{d}\tau} = 0 \rightarrow \mathrm{d}x' = 0\,.$$

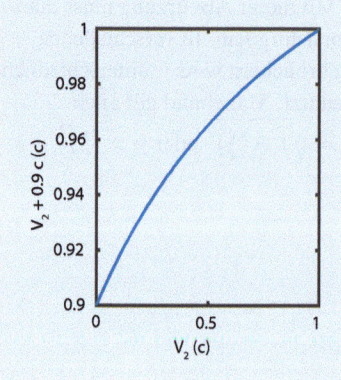

◘ **Abb. 2.3** Addition von Geschwindigkeiten $v_2 + v_1$ für das Beispiel $v_1 = 0{,}9\,\mathrm{c}$

2.2 · Spezielle Relativitätstheorie

Wir setzen deshalb auch die Differentiale der Ortskoordinaten $dx' = dy' = dz' = 0$ auf Null – unser Ort in IS' ändert sich ja nicht. Es folgt daher für unser Wegelement

$$ds' = c \cdot d\tau - 0 - 0 - 0 = c \cdot d\tau \tag{2.16}$$

Dieses Wegelement muss, entsprechend der speziellen Relativitätstheorie, nun für alle Inertialsysteme die gleiche Größe haben. Im anderen Inertialsystem sieht es so aus, als wenn sich das Raumschiff/Inertialsystem IS' mit Geschwindigkeit v von uns wegbewegt. Deswegen beschreiben wir den Weg des Raumschiffes in IS als ruhende Beobachter durch

$$ds = \sqrt{\eta_{\mu\nu} dx^{\mu} dx^{\nu}} = \sqrt{c^2 dt^2 - dx^2 - dy^3 - dz^3}.$$

Jetzt wird dt ausgeklammert um die dx, dy, dz durch die Geschwindigkeit v zu ersetzen:

$$ds = dt\sqrt{c^2 - \frac{dx^2}{dt^2} - \frac{dy^3}{dt^2} - \frac{dz^3}{dt^2}} = dt\sqrt{c^2 - v^2} = c \cdot dt\sqrt{1 - \frac{v^2}{c^2}}$$

Wenn wir nun dieses Wegelement mit dem aus ▶ Gl. 2.16 gleichsetzen ist es nun möglich die beiden Zeitkoordinaten miteinander zu vergleichen. Die hieraus resultierende „Streckung der Zeit"

$$ds'\Big|_{\text{Raumschiff}} = ds\Big|_{\text{Erde}}$$

$$\not{c} \cdot d\tau = \not{c} \cdot dt\sqrt{1 - \frac{v^2}{c^2}}$$

des bewegten Bezugssystems IS' wird Zeitdilatation genannt.

> **Eigenzeit im bewegten Inertialsystem, Zeitdilatation**

$$d\tau = dt\sqrt{1 - \frac{v^2}{c^2}} \qquad \tau = \int_{t_1}^{t_2} dt\sqrt{1 - \frac{v^2}{c^2}} \tag{2.17}$$

Was für Schlussfolgerungen kann man hieraus nun ziehen? Aus dem trivialen Fall $v = 0$ folgt, dass die Zeitspanne im System IS' (mit $v = 0$ bewegt) dann $\Delta t = \Delta \tau$ beträgt. Die Uhren gehen also synchron.

Falls aber eine Geschwindigkeit $v > 0$ in ▶ Gl. 2.17 eingeht, wird der Wurzelterm kleiner als 1 und es folgt damit $\Delta \tau < \Delta t$. Bewegte Uhren gehen also langsamer als ruhende Uhren! Trotzdem geht aber natürlich jede Uhr in seinem Inertialsystem „richtig". Der Lauf der Uhr kann ja schließlich nicht vom Zustand des Inertialsystems wissen und davon abhängen. Nur im wechselseitigen Vergleich von relativ zueinander bewegten Uhren wird dieser Unterschied offenbar.

Einen experimentellen Nachweis kann man durch die Höhenstrahlung anschaulich darstellen (siehe ◘ Abb. 2.4). In der Atmosphäre entstehen durch energiereiche Strahlung Myonen, die nur eine sehr kurze Lebenszeit von durchschnittlich $T_{1/2} = 2{,}2\,\mu s$ haben. Diese Lebenszeit wurde in einem „ruhenden" Labor für ein ruhendes Myon gemessen. Die Myonen in der Atmosphäre haben bei ihrer Entstehung jedoch eine Geschwindigkeit von etwa $v_\mu = 0{,}9994\,c$. Dennoch reicht diese große Geschwindigkeit eigentlich nicht, damit nach der Strecke $s \approx 20\,km$ viele Myonen die Erdoberfläche erreichen. Es wäre klassisch nur mit der Strecke $s = v_\mu \cdot T_{1/2} \approx 660\,m$ zu rechnen. Im Widerspruch hierzu

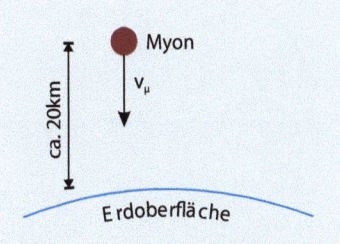

◘ **Abb. 2.4** Beobachtung der Zeitdilatation. Das Myon hat wegen der großen Geschwindigkeit aus Sicht der Erde deutlich mehr Zeit für die Reisestrecke

kann man viele der entstehenden Myonen an der Erdoberfläche nachweisen – dies ist nur mit den Effekten der speziellen Relativitätstheorie zu erklären: Im bewegten Bezugssystem IS' des Myons gehen die Uhren einfach etwas langsamer und das Myon schafft es also aus unserer Sicht mehr Weg zurückzulegen bevor dessen Zerfallszeit abgelaufen ist. Wir schätzen also ab:

$$\Delta t_{\text{Erde}} = \sqrt{1 - \left(\frac{0{,}9994\,c}{c}\right)^2} \cdot \Delta t_\mu \approx 0{,}0346 \cdot \Delta t_\mu \, .$$

Für uns ruhende Beobachter hat das Myon offenbar $\Delta t_\mu = 0{,}0346^{-1} \cdot 2{,}2\,\mu s = 64\,\mu s$ Zeit bevor es zerfällt. Damit wäre die zurückgelegte Strecke groß genug, um eine Myon-Detektion auf der Erdoberfläche zu erklären. Die Zeitdilatation ist keine theoretische Spielerei – man kann sie tatsächlich messen, indem zwei zunächst synchrone Uhren in unterschiedlichen Bezugssystemen unterwegs sind. Es gab dazu 1971 ein Experiment mit zwei Atomuhren, in dem eine der Uhren in einem Flugzeug unterwegs war während die andere Uhr unbewegt am Boden blieb [7]. Nach der Landung waren die Uhren nicht mehr synchron. Die Zeitdifferenz im Nanosekundenbereich entsprach genau den Vorhersagen der Relativitätstheorie.

2.2.3 Längenkontraktion

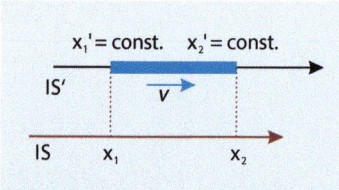

Abb. 2.5 Die Länge eines Stabes, der im System IS' ruht, wird gemessen. Einmal relativ zum Inertialsystem IS und einmal im bewegten System IS'

Der Effekt der Längenkontraktion ist eng verwandt mit der Zeitdilatation. Man kann ihn direkt auf eine Längenmessung mit Stoppuhren (inklusive Zeitdilatation) zurückführen. In ◘ Abb. 2.5 sind die entsprechenden Bedingungen für die Längenmessung gezeigt. Das ruhende System wird IS genannt, das bewegte System in dem der Stab ruht, wird IS' genannt. Im System IS' des Stabes, beträgt seine Ausdehnung $x'_2 - x'_1 = l_{\text{eigen}}$. Wir wollen jetzt untersuchen, wie die Länge des Stabes von IS aus gesehen gemessen wird. In der Abbildung sieht man, dass die gesuchte Länge $l = x_2 - x_1$ ist. Die Transformationen der Ortskoordinaten von $x_{1,2}$ in $x'_{1,2}$ lauten nun nach ▶ Gl. 2.15

$$x'_2 = \frac{1}{\sqrt{1 - \frac{v^2}{c^2}}} (x_2 - vt_2)$$

$$x'_1 = \frac{1}{\sqrt{1 - \frac{v^2}{c^2}}} (x_1 - vt_1) \, .$$

Um die Länge des Stabes im Vorbeiflug zu messen, müssen die beiden Punkte x'_1 und x'_2 gleichzeitig erfasst werden, also soll $t_2 = t_1 = t^*$ sein. Damit kann man die Differenz der beiden Ortskoordinaten in IS und IS' nun bestimmen und erhält:

$$x'_2 - x'_1 = \frac{1}{\sqrt{1 - \frac{v^2}{c^2}}} (x_2 - \cancel{vt^*} - x_1 + \cancel{vt^*})$$

$$x'_2 - x'_1 = \frac{1}{\sqrt{1 - \frac{v^2}{c^2}}} (x_2 - x_1)$$

$$x_2 - x_1 = \sqrt{1 - \frac{v^2}{c^2}} (x'_2 - x'_1) \, .$$

Damit haben wir einen Ausdruck für die Längenkontraktion gefunden:

2.2 · Spezielle Relativitätstheorie

> **Längenkontraktion**

$$l = \sqrt{1 - \frac{v^2}{c^2}} \cdot l_{\text{eigen}} \qquad (2.18)$$

Für eine Geschwindigkeit $v > 0$ heißt das also, dass die Länge eines bewegten Gegenstandes für einen ruhenden Beobachter verkürzt scheint. Wenn ein Raumschiff mit relativistischer Geschwindigkeit an uns vorbeifliegt, erscheint es also kürzer als wenn es unbewegt auf der Erde stehen würde. Andererseits heißt das auch, dass man in einem Raumschiff mit relativistischer Geschwindigkeit einen kürzeren Weg zum Ziel zurücklegen muss. Diese Interpretation der Längenkontraktion ist analog zur Zeitdilatation möglich um unser Beispiel des Myons zu erklären. Daran soll nun das synonyme Betrachten von Zeitdilatation und Längenkontraktion als Ausprägung der Lorentz-Transformation gezeigt werden. Dessen kurze Lebenszeit aus Sicht des Erdbeobachters muss man im Myonensystem mithilfe der Längenkontraktion erklären: Das Myon selbst ruht in seinem Bezugssystem – daher läuft die eigene Uhr „normal" und nach etwa $2{,}2\,\mu s$ zerfällt es. Wie schafft es das Myon trotzdem auf die Erdoberfläche? Aus dessen Sicht ist die Strecke Atmosphäre-Oberfläche durch die Längenkontraktion deutlich kürzer. Die Strecke $l_{\text{IS,Erde}} \approx 20\,\text{km}$ bis zur Erdoberfläche reduziert sich für das schnelle Myon auf

$$l_\mu = \sqrt{1 - \left(\frac{0{,}9994\,c}{c}\right)^2} \cdot l_{\text{IS,Erde}} \approx 660\,\text{m} \,.$$

Diese kürzere Entfernung kann das Myon im Rahmen der Halbwertszeit von $T_{1/2} = 2{,}2\,\mu s$ zurücklegen und die gemessenen Myonen-Raten können bestätigt werden.

2.2.4 Zeitdilatation vs. Längenkontraktion

Es ist oft für die Studierenden nicht ganz eindeutig, wann man Zeitdilatation oder Längenkontraktion als Effekt erwartet oder ob sogar beides kombiniert wird. Damit dies eindeutig wird, soll nun das Beispiel des Myons in der Atmosphäre erneut betrachtet werden. Die Zahlenbeispiele sind uns bereits bekannt – wir wollen diese Zahlen nun lediglich nochmal im Kontext betrachten. Dafür gehen wir zunächst einen Schritt zurück und betrachten das Wegelement ds in der Minkowski-Raumzeit nochmal mit der Lorentz-Transformation. Wir betrachten 2 Ereignisse in der Raumzeit: Die Entstehung des Myons in der Atmosphäre und das Zusammentreffen des Myons mit der Erdoberfläche. Die Differenz dieser Ereignisse sei Δs. Die SRT sagt nun, dass dieses Wegelement den gleichen Wert besitzt, egal von welchem Inertialsystem aus man diese Differenz misst. Uns naheliegend ist die Perspektive mit der Erde als Ruhesystem. In diesem System bestimmen wir (mit unserer ruhenden Uhr) die Zeitdifferenz von $\Delta t_{\text{Erde}} \approx 64\,\mu s$ und die räumliche Differenz von $\Delta x_{\text{Erde}} \approx 19\,\text{km}$. Die Entfernung der beiden Raumzeit-Ereignisse beträgt also für uns

$$(\Delta s_E)^2 = (c^2 \cdot \Delta t_E)^2 - (\Delta x_E)^2$$

Dieses Wegelement wollen wir nun von einem anderen Koordinatensystem aus betrachten. In der speziellen Relativitätstheorie muss man für den Wechsel von Bezugssystemen die Lorentz-Transformation benutzen. Mit den Transformationsregeln aus ▶ Gl. 2.15 folgt:

$$(\Delta s_E)^2 = \gamma^2(c\Delta t_E - \frac{v}{c}\Delta x_E)^2 - \gamma^2(x - v\Delta t_E)^2$$
$$= \left[c^2\gamma^2\Delta t_E^2 + \frac{v^2}{c^2}\gamma^2\Delta x_E^2 - 2c\Delta t_E \frac{v}{c}\Delta x_E \gamma^2\right] - \left[\gamma^2\Delta x_E^2 + \gamma^2 v^2 \Delta t_E^2 - 2xv\Delta t_E\right]$$
$$= \gamma^2\left(c^2\Delta t_E^2 + \frac{v^2}{c^2}\Delta x_E^2 - \Delta x_E^2 - v^2\Delta t_E^2\right)$$
$$= \gamma^2\left(c^2\Delta t_E^2\left(1 - \frac{v^2}{c^2}\right) - \Delta x_E^2\left(1 - \frac{v^2}{c^2}\right)\right).$$

Dies ist nun eine Möglichkeit, auf ein neues Bezugssystem zu wechseln. Außerdem erkennen wir hier direkt die Terme der Zeitdilatation und Längenkontraktion wieder. Wir wählen für unser Beispiel die Geschwindigkeit des Myons $v = 0{,}9994\,c$ und erhalten

$$(\Delta s_E)^2 = \gamma^2\left(c^2\Delta t_\mu^2 - \Delta x_\mu^2\right) \tag{2.19}$$

$$c^2 \cdot (64\,\mu s)^2 - (19188\,m)^2 = \gamma^2\left(c^2(2{,}2\,\mu s)^2 - (660\,m)^2\right) \tag{2.20}$$

An den Zahlen erkennen wir auch hier die Manifestationen der Längenkontraktion und Zeitdilatation wieder. Durch diesen etwas länglichen Transformationsprozess haben wir aber nun eine sehr schöne Interpretationsmöglichkeit geschaffen. Wenn wir uns in die Lage des Erdbeobachters versetzen, beschreiben wir die Zeit- und Ortsdifferenzen mit den Werten der linken Seite von ▶ Gl. 2.20. Wenn wir uns in das Bezugssystem geben wollen, müssen wir ▶ Gl. 2.20 durch γ teilen und erhalten die gleichwertige Beschreibung

$$c^2(2{,}2\,\mu s)^2 - (660\,m)^2 = \frac{1}{\gamma^2}\left(c^2 \cdot (64\,\mu s)^2 - (19188\,m)^2\right)$$

aus Sicht des Myons. In dessen Bezugssystem haben die Ereignisse einen zeitlichen Abstand von $2{,}2\,\mu s$ und es wird eine Entfernung von $660\,m$ zurückgelegt.

2.2.5 Energie-Impuls-Beziehung

Die Herleitung der Energie-Impuls-Beziehung ist ohne die hier verwendete Schreibweise der allgemeinen Relativitätstheorie nur schwer oder unvollständig möglich[8]. Wir werden hier also ein Paradebeispiel für die Anwendung der Mathematik in der Physik sehen – und werden schließlich mit einer der fundamentalsten und folgenreichsten Gleichungen in der Geschichte der Physik belohnt.

Die Herleitung beginnt mit der Newton'schen Bewegungsgleichung, die auf die 4-er-Vektoren erweitert wird. Dafür definieren wir die 4-er Geschwindigkeit u^α durch

$$u^\alpha = \frac{dx^\alpha}{d\tau}.$$

Diese Geschwindigkeit[9] kann man wie auch die Ortskoordinaten in ein anderes Inertialsystem durch eine Lorentz-Transformation überführen:

$$u'^\alpha = \Lambda^\alpha_\beta u^\beta.$$

Wir wünschen uns also jetzt die Möglichkeit, statt der bekannten Newtongleichung $m\frac{dv}{dt} = \mathbf{F}_N$ eine relativistische Variante aufzustellen. Diese soll dann auch für große Geschwindigkeiten gültig sein und muss den Einstein'schen Postulaten genügen. Sie müsste dann also angelehnt an das „Original" etwa

[8] Ich meine hier die Notation mit 4-er Vektoren und Summenkonvention.

[9] Wir wollen ab jetzt die übliche 3-er Geschwindigkeit v nennen und die 4-er Geschwindigkeit wird mit u bezeichnet.

2.2 · Spezielle Relativitätstheorie

$$m\frac{du^\alpha}{d\tau} = F^\alpha \qquad (2.21)$$

lauten. Hier ist F^α noch nicht wirklich festgelegt, weil die Zeitkomponente im Vektor, also F^0, etwas ungewöhnlich ist. Unser Plan wird nun sein, durch Formulierung von Forderungen an ▶ Gl. 2.21 etwas über diese Komponente herauszufinden. Eine Forderung lautet: Die Gleichung muss, wenn wir sie in der Relativitätstheorie nutzen wollen, bei einer Lorentztransformation seine Form behalten[10]. Man nennt diese Eigenschaft auch: *Lorentz-Invarianz*. Es muss im Inertialsystem IS' dann auch gelten

$$m\frac{du'^\alpha}{d\tau} = F'^\alpha$$

Außerdem muss Sie für eine Relativbewegung von $v = 0$ der Bezugssysteme in die üblichen Newtongleichungen übergehen. Um die Einträge von F^α zu identifizieren, wenden wir die Lorentz-Transformation nun an und untersuchen die Resultate. Für eine Relativbewegung mit v_x in x-Richtung[11] ergibt sich:

$$F^\alpha = \Lambda^\alpha_\beta F'^\beta \ .$$

Nach ausmultiplizieren der rechten Seite erhält man folgende transformierte Komponenten für F^α:

$$F^0 = \gamma \frac{v_x F^1_N}{c}$$
$$F^1 = \gamma F^1_N$$
$$F^2 = F^2_N$$
$$F^3 = F^3_N \ ,$$

wobei F_N jeweils die bekannten Kraftkomponenten aus der nichtrelativistischen Newton'schen Bewegungsgleichung $m\frac{dv^\mu}{dt} = F_N$ sind. Man erkennt, dass offenbar die letzten drei Komponenten mit der Newton-Kraft übereinstimmen – zusätzlich mit einer Lorentz-Transformation durch den Faktor γ für die x-Komponente bei F^1. Der Ausdruck F^0 ist aber komplizierter. Wir erinnern uns jedoch glücklicherweise an die Energiedefinition aus der Mechanik: Dort war $E = \int (v \cdot F) dt$. Man kann also durch Vergleich von F^0 und $dE/dt = v \cdot F$ erkennen, dass

$$F^0 = \gamma \frac{v_x F^1_N}{c} = \frac{\gamma}{c} \frac{dE}{dt} \qquad (2.22)$$

gilt. Als letzten Schritt vor dem Ziel wird nun die relativistische Kraft durch den relativistischen Impuls ersetzt[12]. Dieser Impuls lautet mit der Eigenzeit τ einfach $p^\alpha = m \cdot \frac{dx^\alpha}{d\tau}$ wie in der üblichen Mechanik auch. Für einen Beobachter mit Zeitkoordinaten t statt τ muss man für jede x-Komponente eine Lorentz-Transformation durchführen. Die Rechnung ergibt das wenig überraschende Ergebnis $p^\alpha = \gamma \cdot m \frac{dx^\alpha}{dt}$. Nun kann man die einzelnen Komponenten für $dx^\alpha/dt = v^\alpha$ angeben als

$$p^\alpha = \left(\gamma m \frac{c \cdot \cancel{dt}}{\cancel{dt}}, \gamma m v^1, mv^2, mv^3 \right) \ .$$

Für die räumlichen Komponenten $(p^1, p^2, p^3) = \mathbf{p}$ kann man nun direkt den relativistischen Impuls ablesen[13]. Er errechnet sich durch Multiplikation mit dem Lorentz-Faktor:

[10] Die Gleichung soll also in den neuen Koordinaten die gleiche Form haben

[11] In den anderen Raumrichtungen soll es keine Änderung geben. ($v_y = v_z = 0$)

[12] Das Ziel heißt ja schließlich Energie-Impuls-Satz und nicht Energie-Kraft-Satz...

[13] Diese Definition ist oft für Schulaufgaben ausreichend, weil man es dort nicht mit der 4-er Notation zu tun hat.

> **relativistischer Impuls**

$$\mathbf{p} = \gamma \cdot m\mathbf{v} = \frac{m\mathbf{v}}{\sqrt{1 - \frac{v^2}{c^2}}} \qquad (2.23)$$

Jetzt sieht es so aus, als wenn wir die Frage „Was bedeutet F^0" gegen ein „Was bedeutet p^0" getauscht haben. Die nullte Komponente $p^0 = \gamma m c$ ist ebenfalls nicht wirklich sinnvoll. Man kann aber durch Verwendung von ▶ Gl. 2.22 eine erstaunliche Aussage ableiten. So ist der Impuls p^0 definitionsgemäß durch Integration über die Eigenzeit aus der Kraftkomponente F^0 zu erhalten gemäß[14]

[14] Es wurde $d\tau = \frac{1}{\gamma} dt$ genutzt.

$$p^0 = \int F^0 d\tau = \frac{\gamma}{c} \int \frac{dE}{dt} d\tau = \frac{\gamma}{c} \int \frac{dE}{\cancel{dt}} \frac{\cancel{dt}}{\gamma} = \frac{E}{c}.$$

Man kann also den Ausdruck $p^0 = \gamma m c$ im Viererimpuls mit E/c ersetzen. Der relativistische 4-er Impuls lautet dann also

$$p = \left(\frac{E}{c}, p^1, p^2, p^3 \right).$$

Aus der Gleichheit von $\gamma m c$ und E/c folgt dann auch ein Ausdruck für diese nun *relativistische Energie* genannte Energieform:

> **relativistische Energie**

$$E = \gamma \cdot mc^2 = \frac{mc^2}{\sqrt{1 - \frac{v^2}{c^2}}} \qquad (2.24)$$

Um den berühmten Energie-Impuls-Satz herzuleiten ist es nun kein weiter Weg mehr. Wir werden wieder das Wegelement ds^2 mit der Minkowski-Metrik formulieren. Diesmal wollen wir aber die Impulse statt die Ortskoordinaten nutzen. Die kann man erreichen, indem an geeigneter Stelle zweimal durch das (Eigen-)Zeitdifferential $d\tau$ dividiert wird:

$$c^2 d\tau^2 = \eta_{\alpha\beta} dx^\alpha dx^\beta$$
$$m^2 c^2 d\tau^2 = \eta_{\alpha\beta} \cdot m \cdot dx^\alpha \cdot m \cdot dx^\beta$$
$$m^2 c^2 = \eta_{\alpha\beta} \left(m \frac{dx^\alpha}{d\tau} \right) \left(m \frac{dx^\beta}{d\tau} \right)$$
$$m^2 c^2 = \eta_{\alpha\beta} p^\alpha p^\beta$$
$$= (p^0)^2 - (p^1)^2 - (p^2)^2 - (p^3)^2$$

Aus der vorher gefundenen Impuls-Formulierung über die Energie folgt nun

$$m^2 c^2 = (p^0)^2 - (p^1)^2 - (p^2)^2 - (p^3)^2 = \frac{E^2}{c^2} - \mathbf{p}^2$$

Nach Umstellen dieser Gleichung haben wir nun den Energie-Impuls-Satz der Relativitätstheorie hergeleitet:

❯ relativistischer Energie-Impuls-Satz

$$E^2 = m^2c^4 + c^2(\mathbf{p})^2 \tag{2.25}$$

Um zu verstehen, was für bedeutende Aussagen hier gemacht werden, schauen wir uns die Grenzfälle an. Wir nehmen dafür einen „sehr kleinen" oder einen „sehr großen" Impuls an, so dass also jeweils einer der beiden Terme von ▶ Gl. 2.25 dominant wird. Man nutzt korrekterweise eine Taylorentwicklung für diese Näherung. Dazu stellen wir den Energie-Impuls-Satz etwas um[15] zu

$$E = \sqrt{m^2c^4 + c^2p^2} = cp\sqrt{\frac{(mc)^2}{p^2} + 1}\,.$$

[15] Die Taylor-Entwicklung kann nur für kleine Variablenwerte genutzt werden. Für Aussagen zu großen Werten kann man jedoch zu Brüchen umformen, die dann ihrerseits im Grenzfall klein werden.

Für den Fall $p \gg mc$ erkennt man nun sofort, dass daraus $E = c \cdot p$ folgt. Für den Fall $p \ll mc$ nutzt man die Taylorentwicklung der umgestellten Form von ▶ Gl. 2.25

$$\sqrt{m^2c^4 + p^2c^2} = mc^2\sqrt{1 + \frac{p^2}{m^2c^2}}\,.$$

Dann wird der letzte Term in der Wurzel („sehr klein") genähert bis zum linearen Glied. Es gilt dann $\sqrt{1+x} \approx 1 + \frac{1}{2}x$ und damit $mc^2\sqrt{1 + \frac{p^2}{m^2c^2}} \approx mc^2\left(1 + \frac{p^2}{2m^2c^2}\right) = mc^2 + \frac{p^2}{2m}$. Zusammenfassend ergeben sich also die Einzelfälle

$$E = \sqrt{m^2c^4 + c^2p^2} \begin{cases} p \ll mc & \to E = mc^2 + \frac{p^2}{2m} \\ p \gg mc & \to E = c \cdot p = \underbrace{mc^2}_{\gamma = 1} \end{cases} \tag{2.26}$$

Der Fall mit sehr großem Impuls gilt also etwa für ein Photon, dass sich mit Lichtgeschwindigkeit fortbewegt. Obwohl das Photon an sich masselos ist, kann man ihm über diese Beziehung ein „Masseäquivalent" zuordnen. Für den ersten Fall der kleinen Geschwindigkeiten folgt andererseits

$$E = \frac{p^2}{2m} + mc^2 = E_{\text{kin}} + E_0$$

Als Ruheenergie E_0 wird die Energie ohne Bewegungsanteil bezeichnet:

❯ Ruheenergie, Energie-Masse-Äquivalenz

$$E_0 = mc^2 \qquad\qquad \Delta E = \Delta mc^2 \tag{2.27}$$

Es hat sich hier gezeigt, dass selbst ein ruhendes Objekt ohne Impuls trotzdem einer enormen Menge Energie gemäß $1\,\text{kg} \cdot c^2 = 9 \cdot 10^{16}\,\text{J}$ entspricht. Die Masse wird im Rahmen der ART als Ursache des Gravitationsfeldes gesehen. Es gibt aber auch andere Fälle, in denen diese Energie sichtbar wird:

— Bindungsenergien in Atomkernen entspricht immer auch einer Masse. Die Summe der Massen der Kernbestandteile ist nicht gleich der Kernmasse! Die Bindungsenergie „hat also ein Gewicht".

- Bei der Spaltung schwerer Kerne wird Bindungsenergie frei. Die Spaltprodukte zusammen sind leichter als der Ursprungskern.
- Ein Stern wird durch starke Gravitationskräfte zusammengehalten. Dies reduziert seine Masse im Vergleich zu $m = \rho \cdot V$ deutlich.

An dieser Stelle möchte ich einen wichtigen Hinweis geben. Der relativistische 3-er Impuls ist als Größe gemäß $\mathbf{p} = \gamma m \mathbf{v}$ definiert. Es ist nun aus mathematischer Sicht auch möglich den relativistischen Impuls anzusehen als ein Produkt aus *relativistischer Masse* γm und der nichtrelativistischen Geschwindigkeit $\mathbf{v}$. Dies wurde früher oft sowohl in Lehrbüchern als auch in der Schule so gehandhabt. Die Ergebnisse von Rechnungen usw. werden dadurch nicht falsch. Die Interpretation an sich ist jedoch sehr zweifelhaft. Die Masse wird normalerweise als eine Teilcheneigenschaft angesehen. Die Summe der Teilchen in einem Festkörper ergibt schließlich dessen Masse. Nach dieser Definition darf die Masse sich natürlich nicht durch den Bewegungszustand ändern! Ein schnelles Raumschiff besteht trotzdem noch aus N Protonen und Neutronen – die Masse muss konstant bleiben.

Wenn man allerdings die Masse streng als träge Masse definiert, hat die Sichtweise einer relativistischen Masse zumindest eine schwache Berechtigung. Es wird demnach zunehmend schwerer, ein schnelles Objekt immer weiter zu Beschleunigen. Dies ist durch den relativistischen Impuls in $F = \mathrm{d}p/\mathrm{d}t$ auch so zu erwarten wegen des enthaltenen γ-Terms. Die Trägheit nimmt also zu. Es steht einem nun frei, diesen Effekt als Auswirkung des $\gamma \cdot m$-Verhaltens zu interpretieren, statt von einem relativistischen Impuls zu sprechen. Bitte seien Sie sich dieser Feinheiten stets bewusst bzw. informieren sie sich weitergehend bevor Sie im Unterricht von einer „relativistischen Masse" sprechen. In einigen Abituraufgaben und z. B. im Bayrischen Rahmenplan kommt die relativistische Masse als physikalische Größe vor. In den meisten Universitäts-Lehrbüchern zur Physik taucht dieser Begriff nicht (mehr) auf [8–10].[16] Ich möchte schlussendlich davon abraten, in Übungsaufgaben oder Klausuraufgaben eine relativistische Masse in Kilogramm berechnen zu lassen. Die Dynamik der relativistischen Mechanik lässt sich am eindeutigsten mit Impulsen formulieren.

[16] Ausnahme ist z. B. [11]

2.2.6 Minkowski-Diagram

Die vollständige mathematische Beschreibung der Relativitätstheorie ist in der Schule nicht möglich. Deswegen ist es zweckmäßig auf grafische Beschreibungsmöglichkeiten auszuweichen. Eine solche Möglichkeit ist das sogenannte Minkowski-Diagramm. Dies ist ein Koordinatensystem zur Darstellung des Minkowski-Raumes für eine Orts- und eine Zeitkoordinate. Auf dieses Konzept soll nun anhand von einigen Beispielen eingegangen werden.

In einem Minkowski-Diagramm wird auf der Ordinate die Zeitkoordinate $x^0 = ct$ abgebildet und auf der Abzisse eine Ortskoordinate, wie in ◻ Abb. 2.6 gezeigt. Da wir sowieso zur Vereinfachung stets nur die Bewegung in einer Raumrichtung betrachten ist diese Reduktion auf die x-Koordinate kein großes Problem. Einen in diesem System ruhenden Beobachter ($x = const, \forall t$) würde man in diesem Diagramm durch eine vertikale Linie (blau in ◻ Abb. 2.6) darstellen. Eine horizontale Linie ($t = const, \forall x$), wie die rote Gerade in ◻ Abb. 2.6, markiert dagegen einen festen Zeitpunkt für alle Orte. Während Punkte im Minkowski Raum *Ereignisse* genannt werden, nennt man Kurven oder Geraden auch *Weltlinien*. Man kann im Minkowski-Diagramm auch Bewegungen darstellen. Ein Objekt, dass sich mit $v = c$ relativ zum Inertialsystem IS (die Koordinatenachsen) fortbewegt, legt mit jedem Fortschritt Δx auf der x-Achse auch den Schritt $c \cdot \Delta t$ auf der y-Achse zurück. Damit folgt für ein Objekt mit Lichtgeschwindigkeit $v = c$ eine Weltlinie mit Steigung

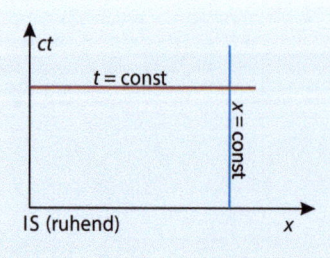

◻ **Abb. 2.6** Zeitentwicklung (vertikale Linien) für feste Ortskoordinaten und Ereignisse an verschiedenen Orten zu gleichen Zeitpunkten (horizontale Linien) für einen ruhenden Beobachter

2.2 · Spezielle Relativitätstheorie

$\tan\alpha = \frac{c\Delta t}{\Delta x} = \frac{c}{v} = 1$ (rote Linie in ◘ Abb. 2.7). Wenn die Geschwindigkeit $v < c$ beträgt, folgt eine Weltlinie mit $\tan\alpha = \frac{c}{v} > 1$ und damit $\alpha > 45°$ (siehe blaue Linie in ◘ Abb. 2.7).

Wir wollen nun zur Übung das berühmte Zwillingsparadoxon in diesem Diagramm darstellen. Das Zwillingsparadoxon ist ein Gedankenexperiment von Albert Einstein und gestaltet sich mit Beispielwerten wie folgt: Zwei Zwillinge befinden sich in gleichem Alter auf der Erde ($x = 0$). Ein Zwilling A bewegt sich in einem Raumschiff mit hoher Geschwindigkeit $v = 0{,}9c$ von der Erde weg, kehrt nach der Flugzeit t_1 am Punkt x_1 (1 LJ vom Startpunkt entfernt) um und fliegt mit gleicher Geschwindigkeit wieder zurück. Die Weltlinien von A und B sind in ◘ Abb. 2.8 in einem Minkowski-Diagramm dargestellt. B ruht dauerhaft in seinem Inertialsystem und wird daher durch eine vertikale rote Linie bei $x = 0$ repräsentiert. A fliegt mit einem Raumschiff zunächst von der Erde weg und kehrt später wieder um – dies wird durch die blaue Linie dargestellt. Wir wollen nun untersuchen, wieviel Zeit für die beiden Zwillinge zwischen Abreise und Ankunft vergangen ist. Die Zeit für den ruhenden Beobachter B entspricht genau der Länge seiner Weltlinie (es wird ja keine Strecke x zurückgelegt: $dx = 0$):

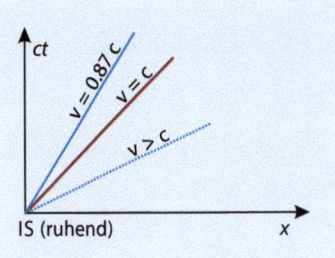

◘ **Abb. 2.7** Minkowski-Diagramm mit den Koordinatensystemen für einen relativ bewegten Beobachter mit einer Geschwindigkeit $v < c$ in die positive x-Richtung (blaue Linie) und für ein Teilchen mit $v = c$ (rote Linie)

$$\Delta s_B = \int_0^{cT} ds = \int_0^{cT} dx^0 = \int_0^{T} c \cdot dt = cT$$

Jetzt wollen wir die Länge der Weltlinie von B beschreiben (von A bzw. IS aus gemessen!). Dafür betrachten wir zuerst den Weg bis zum Umkehrpunkt. Dafür gilt:

$$\Delta s_{A,\text{hin}} = \int_{(0,0)}^{(cT/2,x_U)} ds = \int_{(0,0)}^{(cT/2,x_U)} \sqrt{\eta_{\alpha\beta} dx^\alpha dx^\beta}$$
$$= \int_{(0,0)}^{(cT/2,x_U)} \sqrt{(c\cdot dt)^2 - (dx)^2}\ .$$

Dieser Ausdruck ist nun sehr ungewöhnlich. Die Integranden stehen unter einer Wurzel und es ist erstmal nicht klar wie dieses Integral ausgeführt wird. Wir können es aber durch Umstellen und die Substitution $v = dx/dt$ in ein einfaches Integral überführen bzw. parametrisieren:

$$\Delta s_{A,\text{hin}} = \int_{(0,0)}^{(cT/2,x_U)} dt \sqrt{(c)^2 - \frac{dx^2}{dt^2}}$$
$$= \sqrt{c^2 - v^2} \int_0^{T/2} dt = c\cdot\sqrt{1 - \frac{v^2}{c^2}} \int_0^{T/2} dt = \frac{cT}{2\gamma} = \frac{cT'}{2}\ .$$

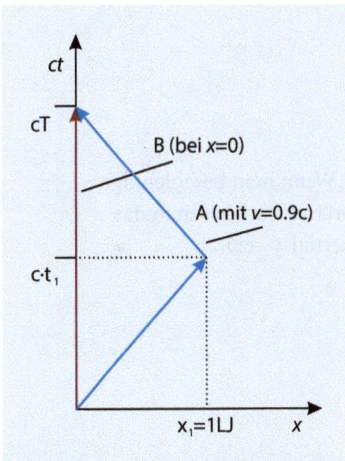

◘ **Abb. 2.8** Minkowski-Diagramm-Darstellung des Zwillingsparadoxons. Die Zeit läuft für den ruhenden Beobachter A anders ab, als für den Reisenden B

Hierbei nennen wir die abgelaufene Zeit im bewegten Bezugssystem T'. Für den Rückweg gilt im Prinzip das gleiche:

$$\Delta s_{A,\text{rück}} = \int_{(cT/2,x_U,0,0)}^{(cT,0,0,0)} ds = c \cdot \sqrt{1 - \frac{v^2}{c^2}} \int_{T/2}^{T} dt = \frac{cT}{2\gamma} = \frac{cT'}{2}\ .$$

Insgesamt läuft also für den Reisenden A die Zeit $T'/2 + T'/2 = T' = T/\gamma$ ab. Es ist also weniger Zeit als im Vergleich zum ruhenden Beobachter vergangen. Für unser Zahlenbeispiel bedeutet dies

$$T' = \sqrt{1 - \frac{(0{,}9\,c)^2}{c^2}} \cdot T = 0{,}43\,T\,.$$

Es ergibt sich also für die gemessenen Zeiträume von A und B:

$$B : T = \frac{2\,\text{LJ}}{0{,}9 \cdot c} = \frac{2 \cdot 9{,}46 \cdot 10^{15}\,\text{m}}{0{,}9 \cdot c} = 2{,}25\,\text{Jahre} \tag{2.28}$$

$$A : T' = 0{,}43 \cdot \frac{2\,\text{LJ}}{0{,}9 \cdot c} = 0{,}97\,\text{Jahre} \tag{2.29}$$

Der Altersunterschied ist also beträchtlich. Außerdem sei darauf hingewiesen, dass der Reisende für die Reisestrecke von 2 Lichtjahren nur etwas weniger als ein Jahr gebraucht hat. Es ist also nicht so, dass man für die 4,3 Lichtjare nach Alpha-Centauri selbst mit fast-Lichtgeschwindigkeit 4 Jahre bräuchte. Für eine bequeme Reisezeit[17] von einer Woche muss man aber erstmal in neue Technik investieren: Man müsste mit $v = 0{,}999979\,c$ unterwegs sein...

Warum aber wird dieses hier betrachtete Phänomen als „Paradoxon" bezeichnet? Dies ergibt sich aus einer alternativen Betrachtungsweise. Wir haben bereits erfahren, dass bewegte Uhren langsamer gehen – wer jedoch legt fest ob sich A oder B hier bewegt. Völlig berechtigt könnte auch A (Raumschiff) argumentieren, dass er sich in Ruhe befindet und B (Erde) sich mit Geschwindigkeit v entfernt. Dann müsste nach dem Zusammentreffen der Beiden im Gegensatz zum obigen Ergebnis B langsamer gealtert sein. Dieses Paradoxon ist aber bei genauerem Hinsehen keines bzw. lässt es sich auflösen: Der hier ruhende Beobachter befindet sich die ganze Zeit im gleichen Inertialsystem. Ein Inertialsystem ist bekanntermaßen ein Bezugssystem mit konstanter Geschwindigkeit. Der reisende Zwilling jedoch wechselt mitten im Flug sein Inertialsystem (aus v wird $-v$)[18]. Deshalb sind die beiden Ansichten von A und B nicht gleichberechtigt und die Situation ist, so wie berechnet, mit dem weniger gealterten Zwilling A eindeutig entschieden. Man kann sich auch in einem Minkowski-Diagramm die ungleichen Zeitabläufe und deren Berechtigung sichtbar machen. Dazu ist in ◘ Abb. 2.9 dargestellt, wie jeweils der eine Zwilling dem anderen in regelmäßigen Abständen (0,25 Jahre) seine Zeit übermittelt. Die Übermittlung soll mit einem Signal der Geschwindigkeit $v = c$ geschehen – die Weltlinien des Signals haben daher eine Neigung von genau 45° im Diagramm. Wie man direkt sieht, ist bei der Skaleneinteilung auf den beiden Weltlinien die Zeitdilatation berücksichtigt worden. Das heißt, die Skalenteilung der blauen Linie ist deutlich verlängert im Vergleich zur roten Zeitskala[19]. Im linken Teil des Bildes wird von der Erde in Intervallen von 0,25 Jahren ein Signal mit Lichtgeschwindigkeit zum Raumschiff gesendet. Wie man sieht, erhält das Raumschiff während der ersten Phase der Reise die Nachricht noch nicht, später dafür in sehr kurzen zeitlichen Abständen. Nach dem Umkehrpunkt auf der Bahn wird also gewissermaßen die verpasste Übertragungszeit wieder aufgeholt. Im rechten Teil der Abbildung sieht man wie der Reisende ebenfalls alle 0,25 Jahre ein Signal mit Lichtgeschwindigkeit sendet. Das erste Signal wird auf der Erde nach ca. einem Jahr empfangen[20]. Kurz vor dem Ende der Rückreise werden dann in schneller Folge auf der Erde die Funksignale empfangen. Am Ende gibt es also für beide Teilnehmer des Versuches eine nicht-paradoxe Gewissheit: Für den Reisenden ist etwa ein Jahr während der Reise vergangen und auf der Erde sind währenddessen ca. 2,25 Jahre vergangen.

---

[17] Die Reisezeit ist hier die vergangene Eigenzeit an Bord des Raumschiffes.

[18] Wenn man beschleunigt, verlässt/wechselt man das Inertialsystem.

[19] Darauf wird im nächsten Abschnitt über Abstände im Minkowski-Diagramm genauer eingegangen.

[20] Die Abbildung ist nicht maßstabsgetreu.

2.2.7 Abstände im Minkowski-Diagramm

Wir haben in ◘ Abb. 2.7 bereits gesehen, wie man in einem Minkowski-Diagramm eine Weltlinie für einen mit $v < c$ bewegtes Bezugssystem einzeichnet. Diese Weltlinie entspricht dabei einem alternativen Bezugssystem, in dem der bewegte Beobachter wiederum ruht. Das Verharren an einem Ort wird in „nichtbewegten" Koordinaten (ct, x) als vertikale Linie – also parallel zur ct-Achse – dargestellt. Wenn wir nun die Weltlinie eines alternativen, bewegten Bezugssystems einzeichnen, so stellt dies also die ct'-Achse dieses Bezugssystems dar, wie in ◘ Abb. 2.10 durch die rote Linie gezeigt. Wenn man nun im Diagramm den Abstand zweier Ereignisse bestimmen möchte, so ist es wichtig von welchem Bezugssystem man ausgeht. Wir haben bereits die Effekte der Zeitdilatation und der Längenkontraktion kennengelernt und wissen daher, dass etwa die Uhren im bewegten System cT' langsamer gehen. Um diesen Effekt im Diagramm zu veranschaulichen bemühen wir erneut die Tatsache, dass die Wegelemente in beiden Bezugssystemen – unabhängig von ihrem Bewegungszustand – konstant sein müssen. Wir vernachlässigen wieder die y- und z-Koordinaten und lassen nur eine Bewegung in x-Richtung zu. Wir schauen uns nun an, wie die Wegstrecke von den Punkten $(ct' = 0, x' = 0)$ nach $(cT', x' = 0)$ auf der ct'-Achse von einem ruhenden Bezugssystem aus aussieht[21]. Im ruhenden Bezugssystem sehen wir die Ausbreitung mit der Geschwindigkeit $\Delta x/\Delta t = v$ und messen die Zeit in der Skala ct. Im bewegten Bezugssystem wird die Zeit ct' gemessen und es gibt keine räumliche Bewegung ($\Delta x' = 0$):

$$\Delta s^2 = \Delta s'^2$$
$$c^2 \Delta t^2 - \Delta x^2 = c^2 \Delta T'^2 \tag{2.30}$$
$$c^2 \Delta t^2 \left(1 - \frac{\Delta x^2}{c^2 \Delta t^2}\right) = c^2 \Delta T'^2$$
$$c^2 \Delta t^2 \left(1 - \frac{v^2}{c^2}\right) = c^2 \Delta T'^2 . \tag{2.31}$$

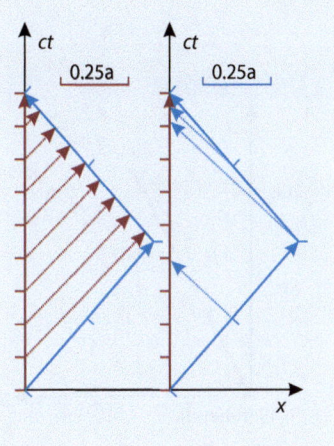

◘ **Abb. 2.9** Zeitübermittlung beim Zwillingsparadoxon. Jeder Zwilling übermittelt mit Lichtgeschwindigkeit dem jeweils anderen alle 0,25 Jahre seine Uhrzeit

[21] Auf die Konstruktion der Achsen ct' und x' gehe ich nicht näher ein, weil es im folgenden nicht benötigt wird.

Wir sehen mit ▶ Gl. 2.31, dass die bereits bekannte Zeitdilatation folgt. Allerdings sehen wir mit ▶ Gl. 2.30 auch, dass der Zusammenhang zwischen T' und t in unserem Koordinatensystem (ct, x) durch eine Hyperbel beschrieben wird. In ◘ Abb. 2.10 ist eine solche Hyperbel für verschiedene ct und x-Werte als blaue Linie eingezeichnet. Dort wo die blaue Linie eine Weltlinie mit $v < c$ schneidet, kann man gewissermaßen die Streckung deren Zeitskala ablesen. Die Zeitspanne cT ist auf der roten Weltlinie etwas gestreckt und es dauert $T' > T$ bis im ruhenden System die Zeit T verstrichen ist.

2.2.8 Relativistischer Dopplereffekt

Das Minkowski-Diagramm soll nun noch genutzt werden, um den relativistischen Dopplereffekt (oder auch *relativistische Rotverschiebung*) zu illustrieren. Dafür betrachten wir die Situation aus ◘ Abb. 2.11. Unser unbewegtes Inertialsystem befinde sich im Ursprung und bewege sich nicht. Die Weltlinie ist also als vertikale Linie (im Bild blau) darzustellen. Ein relativ dazu bewegtes System soll sich mit der Geschwindigkeit v entlang der x-Achse von uns entfernen. Dies wird im Bild durch die rote Gerade dargestellt. Alle folgenden Betrachtungen nehmen wir nun zunächst im ruhenden Inertialsystem vor, es wird also alles durch die Koordinaten x und t ausgedrückt. Um die Geradengleichung der Weltlinie des bewegten Systems zu ermitteln, nutzen wir die bekannte Geschwindigkeit v durch $x = v \cdot t$. Dies wird nun umgeformt, um es in die korrekte

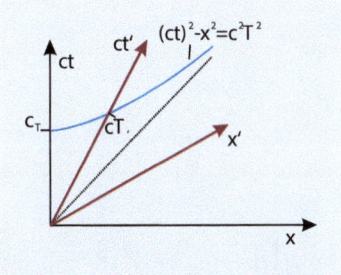

◘ **Abb. 2.10** Minkowski-Diagramm mit bewegtem Bezugssystem (ct', x'). Die veränderten Skalenlängen kann man durch Hyperbelfunktionen (blaue Linien) anschaulich machen

Koordinatenachsen-Bezeichnung ($ct = f(x)$) zu bringen und später zu nutzen:

$$x = v \cdot t \rightarrow cx = v \cdot ct \rightarrow ct = \frac{c}{v} \cdot x \tag{2.32}$$

Um den relativistischen Dopplereffekt nun zu beschreiben, erzeugen wir in unserem ruhenden System ein periodisches Signal mit der Frequenz f und der Periodendauer T, wie in ■ Abb. 2.11 an der ct-Achse angedeutet. Dieses Signal propagiert nun durch die Raumzeit (mit $v = c$!) und wird vom sich entfernenden Beobachter aufgefangen. Die Signalpropagation muss im Diagramm durch die Gerade $ct = x$ dargestellt werden, dies ist durch die rote gestrichelte Linie illustriert. Während wir im ruhenden System die Periodendauer T für das Signal feststellen, so wird der bewegte Beobachter stattdessen die Periodendauer T' ermitteln. Um T' zu bestimmen, benötigen wir zunächst die Zeit t_0. Diese können wir aus dem Schnittpunkt der beiden Geraden, wie in ■ Abb. 2.12 skizziert, ermitteln. Die Geradengleichung für das propagierte Signal entspricht einer nach oben verschobenen Gerade mit Anstieg 1, also $ct = x + cT$. Die Gleichung für die Weltlinie des bewegten Bezugssystems lautet gemäß ▶ Gl. 2.32 $ct = \frac{c}{v} \cdot x$. Wir stellen nun beide Gleichungen nach x um und setzen sie gleich. Damit folgt

$$t_0 = \frac{cT}{c - v}$$

für die Zeitdauer t_0 im Ruhesystem. Um herauszufinden welcher Zeitspanne dies im bewegten System entspricht, benötigen wir die Zeitdilatation. Dies führt dann zu

$$T' = \frac{t_0}{\gamma} = \sqrt{1 - \frac{v^2}{c^2}} \cdot t_0$$

$$= \sqrt{1 - \frac{v^2}{c^2}} \cdot \frac{cT}{c - v}$$

$$= \sqrt{\frac{c^2 - v^2}{(c - v)^2}} \cdot T = \sqrt{\frac{(c - v) \cdot (c + v)}{(c - v)^2}} \cdot T$$

$$T' = \sqrt{\frac{c + v}{c - v}} \cdot T$$

Dies ist nun die Verschiebung der Periodendauern – zweckmäßiger ist es eine Verschiebung der Frequenzen anzugeben. Wegen $f = 1/T$ ergibt sich dann die Frequenzverschiebung für schnell bewegte Beobachter

> **relativistischer Dopplereffekt/Rotverschiebung**

$$f' = \sqrt{\frac{c - v}{c + v}} \cdot f \tag{2.33}$$

Dies bedeutet eine Verringerung der Frequenz bzw. eine Erhöhung der Wellenlänge (Rotverschiebung) wenn sich die Signalursache schnell vom Beobachter wegbewegt. Der Effekt tritt natürlich auch auf, wenn sich der Beobachter von der Lichtquelle entfernt.

■ **Abb. 2.11** Ruhendes IS erzeugt ein Signal und sendet dieses an einen bewegten Beobachter

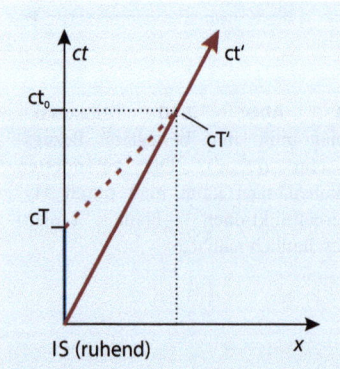

■ **Abb. 2.12** Ausschnitt zur Berechnung von T'

2.3 Allgemeine Relativitätstheorie

> Was weiß ein Fisch von dem Wasser, in dem er sein ganzes Leben lang schwimmt?
> (*Albert Einstein*)

In der allgemeinen Relativitätstheorie wird nun durch die Einstein'schen Feldgleichungen eine Verbindung von Gravitation und Raum geschaffen. Wir werden also den „flachen" Minkowskiraum verlassen. Glücklicherweise ist keine neue mathematische Beschreibung nötig, da wir bis hier schon alles notwendige eingeführt haben.

2.3.1 Das Äquivalenzprinzip

Das sogenannte Äquivalenzprinzip nach Einstein lautet: Trägheit und schwere Masse sind wesensgleich. Hierbei ist als Trägheit (oder träge Masse) die Eigenschaft eines Körpers zu bezeichnen, sich gegen eine Beschleunigung zu wehren gemäß dem Zweiten Newton'schen Axiom:

$$m_t = \frac{F_t}{\ddot{x}}.$$

Die schwere Masse ist eine Proportionalitätskonstante im Gravitationspotential gemäß

$$F_G = G \frac{m_{s1} m_{s2}}{r^2}$$

Für den freien Fall nahe der Erdoberfläche wird die Gravitationskraft näherungsweise durch eine Taylorentwicklung zu

$$F_G \approx m_s \cdot g$$

Wenn keine anderen Kräfte wirken als die Gravitation, so bewirkt diese gemäß Newton eine Beschleunigung der Form

$$m_t \ddot{x} = m_s g \qquad \rightarrow \ddot{x} = \frac{m_s}{m_t} g$$

Die Gravitationskonstante G ist so gewählt, dass der Zahlenwert und die Einheit von m_t und m_s identisch ist. Dies ist allerdings „nur" empirisch begründet durch die Erfahrung, dass das Verhältnis von träger und schwerer Masse für alle Körper gleich ist. Es gibt Experimente, die mit enormer Genauigkeit diese Annahme untersuchen. Bisher ist die Gleichheit von träger und schwerer Masse mit einer Genauigkeit von 10^{-13} bestätigt [12].

Eine alternative Formulierung des Äquivalenzprinzips ist die folgende:

> **Äquivalenzprinzip**
> In einem lokalen Bezugssystem lässt sich der Einfluss der Gravitationskraft nicht von der Wirkung einer Beschleunigung unterscheiden.

Wir sprechen also hier, im Gegensatz zur speziellen Relativitätstheorie von Beschleunigungen. Es soll noch einmal verdeutlicht werden, dass beschleunigte Bewegungen nicht im Rahmen der speziellen Relativitätstheorie behandelt werden können, denn beschleunigte Bezugssysteme sind keine Inertialsysteme. Dieses Äquivalenzprinzip besagt also, dass man nicht feststellen kann, ob man sich in einem Gravitationsfeld befindet oder beschleunigt wird. In ◘ Abb. 2.13 ist dies durch zwei Situationen gezeigt: Die rote Masse befindet sich in einem Gravitationsfeld, das eine Kraft in Richtung des Gravitationszentrums ausübt. Die blaue Masse wird durch einen Raketenantrieb beschleunigt mit der Kraft F_t entsprechend seiner trägen Masse. Das Äquivalenzprinzip besagt nun, dass es keine Messung geben kann, mit der man die Fälle unterscheiden könnte.

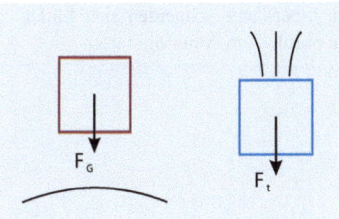

◘ **Abb. 2.13** Zur Äquivalenz von Gravitation und Trägheit. Links wirkt ein Gravitationsfeld, rechts wirkt eine Beschleunigung durch einen Antrieb

Aus dem Äquivalenzprinzip kann man die sogenannten Einstein'schen Feldgleichungen ableiten. Das würde allerdings den Rahmen dieses Buches sprengen, weshalb hierauf verzichtet wird. Wir bedienen uns lediglich einiger Schlussfolgerungen aus der Differentialgeometrie, um die geeigneten Bezeichnungen für die ART zu finden. Statt einer Bahnkurve spricht man nun von Geodäten in der Raumzeit. Geodäten sind ganz ursprünglich etwa Längen- oder Breitengrade auf der Erdoberfläche. Man stelle sich vor, dass man zwei zufällige Ort auf der Erdoberfläche wählt und einfach geradeaus geht. Die Bahn um die Erdkugel beschreibt dann eine Geodäte – also eine Kurve die der Erdkrümmung folgt. Da wir Menschen im Vergleich zur Erdkrümmung klein sind, würde uns das allein nicht ermöglichen die Erdkrümmung festzustellen. Jetzt werden wir aber folgendes Experiment anstellen können: Zwei Menschen starten an zwei Punkten in derselben Richtung. Auf einer flachen Erde würden Sie sich für alle Ewigkeit auf parallelen Strecken fortbewegen und sich niemals begegnen. Wenn die Erdoberfläche aber gekrümmt ist, werden sich diese parallelen Linien schneiden wie dies in ◘ Abb. 2.14 illustriert ist. Außerdem gilt auf einer gekrümmten Oberfläche nicht der Innenwinkelsatz – das Dreieck in ◘ Abb. 2.14 hat beispielsweise eine Innenwinkelsumme von 270°. Genau wie bei der noch ziemlich anschaulichen gekrümmten Fläche verhält es sich mit der vierdimensionalen Raumzeit. Einstein hat 1916 vorhergesagt, dass durch die Krümmung der Raumzeit in Gegenwart der Sonnenmasse das Licht dahinterliegender Sterne abgelenkt werden müsste [13]. Die Sonnenfinsternis von 1919 bot eine Gelegenheit um diese Überprüfung der Relativitätstheorie durchzuführen und bestätigte die Vorhersagen [14]. Bei den Messungen wurde übrigens auch untersucht, ob das Licht ganz regulär durch die Newton'sche Gravitation der Sonne vom Kurs abgelenkt wurde. Die gefundene Ablenkung des Lichts nahe der vom Mond verdunkelten Sonne war aber zu groß für diesen Effekt und stattdessen in Übereinstimmung mit der Vorhersage durch die Relativitätstheorie von Einstein.

> **Beispiel 2.1**

Hinweis: Zur Veranschaulichung/Demonstration der Raumkrümmung werden auf Abschn. 5.1.1 sogenannte Sektorenmodelle vorgestellt. Sie ermöglichen das spielerische Erleben von Krümmungseffekten. ◄

Es ist also offenbar tatsächlich der Fall, dass die Raumzeit durch Gravitationsfelder gekrümmt wird. Wie durch Anwesenheit von Materie oder Energie der Raum gekrümmt wird, beschreiben die Einstein'schen Feldgleichungen:

Einstein'sche Feldgleichungen

$$\underbrace{R_{\mu\nu} - \frac{1}{2}g_{\mu\nu}R + \Lambda g_{\mu\nu}}_{\text{Raumkrümmung}} = \underbrace{\frac{8\pi G}{c^4}T_{\mu\nu}}_{\text{Energie-Impuls-Tensor}}$$

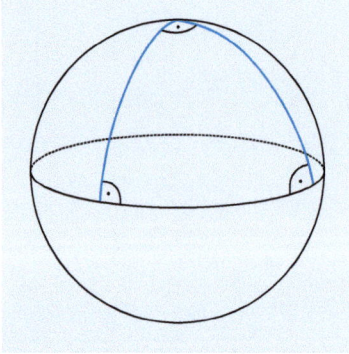

◘ **Abb. 2.14** Auf einer gekrümmten Oberfläche schneiden sich Linien die parallel am Äquator starten

wobei Λ die kosmologische Konstante ist, g die Metrik, R der sogenannte Ricci-Tensor und T der Energie-Impuls Tensor. Es hat sich gezeigt, dass „sinnvolle" Lösungen dieser Feldgleichung mit und auch ohne kosmologische Konstante möglich sind. Die Konstante hat großen Einfluss auf kosmologische Lösungen – sie beschreibt die Expansion des Universums. Einstein hatte deren Einführung als „größte Eselei seines Lebens" zunächst bereut. Heutzutage sind die kosmologischen Modelle jedoch auf diese Konstante angewiesen, da man gegenwärtig von einem expandierenden Universum ausgeht. Die Konstante Λ drängt also gewissermaßen das Universum auseinander und entspricht daher einer Energiedichte des Vakuums. Man kann diesen Effekt direkt mit den Vakuumfeldenergien der Quantenmechanik vergleichen – und auch direkt mit der Quantenmechanik berechnen. Die Quantenmechanik würde mit Vakuumfluktuationen als Ursache für eine Expansion eine kosmologische Konstante von

2.3 · Allgemeine Relativitätstheorie

$\Lambda_{QM} \approx 10^{70}$ m^{-2} vorhersagen. Die ART ermittelt jedoch durch experimentelle Messungen einen Wert von $\Lambda_{ART} \approx 10^{-52}$ m^{-2}. Diese Diskrepanz ist bisher ungeklärt und wird als Äquivalent zur Ultraviolettkatastrophe („Vakuumkatastrophe") gesehen. Die Diskrepanz von $\Lambda_{QM}/\Lambda_{ART} \approx 10^{122}$ wird oft als die schlechteste theoretische Vorhersage einer Konstanten in der Geschichte bezeichnet.

2.3.2 Bewegungsgleichung/Geodätengleichung

Wir wollen hier kurz zeigen, was man tun kann um die Geodäten für eine gegebene Raumkrümmung, gegeben in Form einer Metrik $g_{\mu\nu}$ zu berechnen. Eine Geodäte ist immer die kürzeste Verbindung zwischen zwei Punkten. Im euklidischen Raum ist dies eine Gerade. Auf einer Kugeloberfläche werden die entsprechenden Kurven Geodäten oder Großkreise genannt.[22] In einer gekrümmten Raumzeit werden wir es also im Allgemeinen mit Kurven zu tun haben, die zwei Punkte durch eine kürzeste Strecke verbinden. Die Bewegungsgleichung für solche gekrümmten Räume lautet

[22] Flugzeuge fliegen auf ihrer Bahn ebenfalls keine geraden Strecken, sondern die kürzeste Verbindung: eine Geodäte.

> **Bewegungsgleichung für gekrümmte Räume**

$$\frac{d^2 x^\alpha}{d\tau^2} = \Gamma^\alpha_{\mu\nu} \frac{dx^\mu}{d\tau} \frac{dx^\nu}{d\tau} \qquad (2.34)$$

Wenn man die Differentiale $d/d\tau$ durch d/ds ersetzt, nennt man dies die Geodätengleichung. Die Christoffelsymbole Γ berechnet man gemäß

$$\Gamma^\beta_{\mu\nu} = \frac{g^{\beta\alpha}}{2}\left(\frac{\partial g_{\alpha\mu}}{\partial x^\nu} + \frac{\partial g_{\alpha\nu}}{\partial x^\mu} - \frac{\partial g_{\mu\nu}}{\partial x^\alpha}\right)$$

aus der Metrik. Hinweise: Man kann die Indizes der Metrik senken/heben durch $g^{\mu\nu} = \frac{1}{g_{\mu\nu}}$. Außerdem sind die partiellen Ableitungen der Koordinaten untereinander gleich 0 (z. B. $\partial x^0/\partial x^1 = 0$).

Die Berechnung einer Bahnkurve in gekrümmten Räumen ist also um einiges schwieriger als man es aus der flachen Geometrie gewohnt ist. Die Berechnung der optimalen Flugbahn eines Flugzeuges (die Erdoberfläche ist ja auch gekrümmt) ist etwa eine wichtige Anwendung der Geodätengleichung.

2.3.3 Materiefreie Feldgleichungen

Die Einstein'schen Feldgleichungen werden wir nur in stark vereinfachter Form untersuchen. Wir nehmen dafür eine homogene Masseverteilung als Ursache für die Raumkrümmung an (also etwa ein Stern o. ä.). Der Radius dieser Masseverteilung solle r_0 betragen. Die Feldgleichungen für die Lösungen außerhalb (ohne Materie, deswegen wird dort $T_{\mu\nu} = 0$) von r_0 lauten dann nur noch

> **Materiefreie Feldgleichungen**

$$R_{\mu\nu} = 0 \qquad (2.35)$$

wobei der Ricci-Tensor R nur noch diagonale Einträge hat die ungleich 0 sind. Die Elemente des Ricci-Tensors werden aus den Christoffel-Symbolen $\Gamma^\beta_{\mu\nu}$ und damit aus der Metrik $g_{\mu\nu}$ festgelegt. Für ganz Neugierige gibt es hier die Berechnungsvorschrift:

$$R_{\mu\nu} = \frac{\partial \Gamma^\rho_{\mu\rho}}{\partial x^\nu} - \frac{\partial \Gamma^\rho_{\mu\nu}}{\partial x^\rho} + \Gamma^\sigma_{\mu\rho}\Gamma^\rho_{\sigma\nu} - \Gamma^\sigma_{\mu\nu}\Gamma^\rho_{\sigma\rho}$$

2.3.4 Schwarzschild-Metrik

Die ▶ Gl. 2.35 hängt von der Metrik $g^{\mu\nu}$ ab. Wenn man eine Metrik findet, bei der alle Elemente des Ricci-Tensors zu Null werden, ist der materiefreie Raum um eine Massenverteilung im Einklang mit der ART beschrieben. Was aber genau ist denn nun eine Metrik? Wir sind bereits in der SRT der Metrik für die euklidische (flache) Raumzeit begegnet, $\eta_{\mu\nu}$. Diese wurde genutzt um das Wegelement ds bzw. (ds)^2 zu bestimmen nach d$s^2 = \eta_{\mu\nu}\mathrm{d}x^\mu \mathrm{d}x^\nu$. Genau auf die gleiche Weise kann man auch die Metrik einer gekrümmten Raumzeit nutzen, um ein Wegelement in diesem gekrümmten Raum zu berechnen:

> **Wegelement in gekrümmter Raumzeit**

$$\mathrm{d}s^2 = g_{\mu\nu}\mathrm{d}x^\mu \mathrm{d}x^\nu \tag{2.36}$$

Diese Metrik $g_{\mu\nu}$ definiert also, wie genau dieser gekrümmte Raum aussieht. Die eigentliche materiefreie Feldgleichung 2.35 hängt über die Christoffelsymbole ja auch eigentlich nur von $g_{\mu\nu}$ und dessen Ableitungen ab. Die Ableitung einer Lösung der komplizierten Differentialgleichungen, die in ▶ Gl. 2.35 impliziert sind, ist recht umständlich. Wir gehen hier darum einen anderen Weg und nehmen eine bereits gefundene Lösung als gegeben an. Dass diese Lösung tatsächlich die materiefreien Feldgleichungen erfüllt, bleibt der Übungsveranstaltung überlassen. Eine Metrik, die die materiefreie Feldgleichung erfüllt, hat die Form

> **Schwarzschild Metrik**

$$g_{\mu\nu} = \begin{pmatrix} \left(1 - \frac{r_S}{r}\right) & 0 & 0 & 0 \\ 0 & -\frac{1}{\left(1 - \frac{r_S}{r}\right)} & 0 & 0 \\ 0 & 0 & -r^2 & 0 \\ 0 & 0 & 0 & -r^2 \sin^2\theta \end{pmatrix} \tag{2.37}$$

und wurde 1915 von Karl Schwarzschild als erste exakte Lösung der Einstein'schen Feldgleichungen gefunden [15]. Wegen der Kugelsymmetrie der Masseverteilung werden hier Kugelkoordinaten $x^\mu = (ct, r, \theta, \varphi)$ verwendet. Wir können uns jetzt leicht das Wegelement dieser Schwarzschildmetrik berechnen:

$$\mathrm{d}s^2 = g_{\mu\nu}\mathrm{d}x^\mu \mathrm{d}x^\nu = \left(1 - \frac{r_S}{r}\right)c^2\mathrm{d}t^2 - \frac{\mathrm{d}r^2}{\left(1 - \frac{r_S}{r}\right)} - r^2 d\theta^2 - r^2 \sin^2\theta d\varphi^2$$

Dieses Wegelement ist im Vergleich zur Minkowski-Metrik deutlich facettenreicher. Wir erkennen zunächst ein Problem, dass allerdings aus der Wahl der Koordinaten folgt. Das Wegelement wird singulär, wenn $r \to 0$ strebt. Außerdem sehen wir an der zweiten Koordinate das gleiche singuläre Verhalten für $r = r_S$. Hinweis: Diese Singularität ist durch Wahl einer anderen Metrik zu vermeiden, es ist also eher ein Artefakt ohne strenge physikalische Notwendigkeit. Wichtiger ist aber noch folgender Effekt: Wenn die Radialkoordinate r den Wert r_S unterschreitet, ändern sich die Vorzeichen im Wegelement der ersten beiden Koordinaten. Diese Situation kann man (sehr mit Vorsicht zu behandeln!) notdürftig interpretieren als: *Zeit und Raum tauschen die Rollen.* Man nennt die

2.3 · Allgemeine Relativitätstheorie

Größe r_S auch Ereignishorizont oder Schwarzschildradius. Wo genau liegt dieser Ereignishorizont für eine gegebene Masse? Man kann dafür einen Vergleich der Newton-Gravitation und der relativistischen Gravitation anstellen. Dafür muss man zunächst die Bewegungsgleichung der ART (siehe 2.34) für schwache Felder nähern. Aus diesen Näherungen bekommt man eine Bedingung, die gelten muss, wenn in schwachen Gravitationsfeldern die Netwon'sche Mechanik gültig sein soll. Damit das der Fall ist, muss

$$g_{00} = \left(1 - \frac{2GM}{rc^2}\right)$$

sein. In diesen Ausdruck ist das Newtonsche Gravitationspotential mit der Gravitationskonstanten G einer Masse M eingegangen. Durch Vergleich mit dem $g_{\mu\nu}$-Element der Schwarzschild Metrik kann man nun leicht einen Ausdruck für r_S erkennen:

$$g_{00} = \left(1 - \frac{2GM}{rc^2}\right) = \left(1 - \frac{r_S}{r}\right) \quad \rightarrow \quad r_S = \frac{2GM}{c^2}$$

Man nennt diese so gefundene Konstante r_S auch Schwarzschildradius. Für die Sonne beträgt der Schwarzschildradius demnach

$$r_{S,\text{Sonne}} = \frac{2GM_{\text{Sonne}}}{c^2} \approx 3\,\text{km}$$

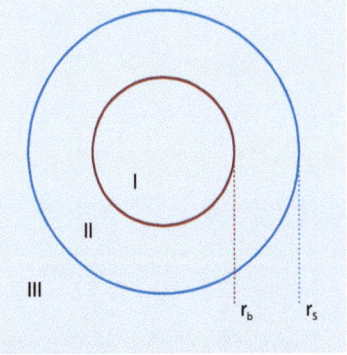

Abb. 2.15 Dieses schwarze Loch besitzt eine Masseverteilung bis r_b. Der Ereignishorizont liege bei r_S

wobei der tatsächliche Radius der Sonne $r_{\text{Sonne}} = 7 \cdot 10^5$ km beträgt. Die Abweichung des Sonnenradius vom Schwarzschildradius um 6 Größenordnungen zeigt also, dass die Abweichungen von der Minkowski-Metrik in unserem Sonnensystem sehr klein sind. Trotzdem sind die Effekte teilweise wichtig. Die Periheldrehung des Merkur etwa kann nur mit einer Raumkrümmung erklärt werden. Wenn ein Stern eine solche Dichte aufweist, dass seine Ausmaße den Radius r_S unterschreitet, nennt man ihn ein Schwarzes Loch. Wie kann man sich so ein schwarzes Loch vorstellen? Wir unterteilen es wie in Abb. 2.15 gezeigt hierfür in drei Bereiche: Im ersten Bereich I ist die Masse des Sterns kugelsymmetrisch in einem Gebiet mit Radius r_b verteilt. Innerhalb dieses Gebietes kann man mit der Schwarzschildmetrik keine Aussagen treffen, da hier die materiefreien Feldgleichungen nicht gelten. Im folgenden Bereich II zwischen der Massenansammlung und dem Ereignishorizont beobachten wir den bereits angesprochenen Vorzeichenwechsel im Wegelement ds. Was beim Eintritt in den Ereignishorizont passiert wird später noch genauer untersucht. Außerdem ist wohl bekannt, dass kein Licht und damit auch keine Information den Ereignishorizont wegen der starken Gravitation wieder verlassen kann – deswegen spricht man auch von einem „schwarzen Loch", obwohl es eigentlich eine extrem dichte Massenansammlung ist. Warum das der Fall ist, hängt mit der sogenannten gravitativen Rotverschiebung zusammen .

2.3.5 Gravitative Rotverschiebung

Um den Effekt der gravitativen Rotverschiebung zu untersuchen, machen wir uns zunächst das Problem bewusst. Wir wollen wissen, welchen Einfluss ein Photon durch die Anwesenheit eines Gravitationsfeldes spürt. Das Photon besitzt als grundlegende Eigenschaft eine Verknüpfung mit der Zeit – in Form einer Frequenz bzw. Wellenlänge. Wir wollen also zunächst untersuchen, was mit einer Uhr in Anwesenheit eines Gravitationspotentials geschieht. Wir nehmen an, unsere Uhr befinde sich im Koordinatenursprung ($x^1 = x^2 = x^3 = $ d$x^1 = $ d$x^2 = $ d$x^3 = 0$). Dann ist das Wegelement d$s = c$dτ und die „gravitative

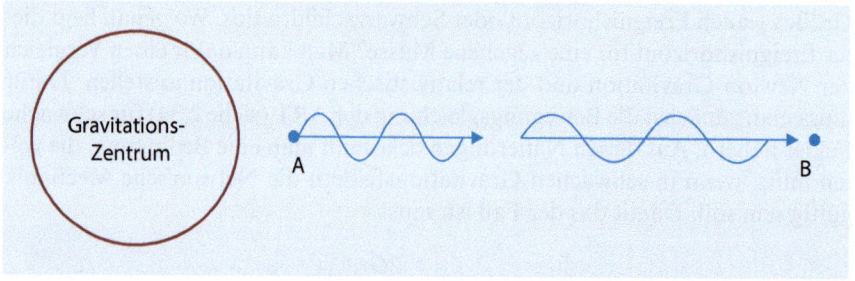

Abb. 2.16 Die Veränderung der Eigenzeit in der Nähe eines Gravitationsfeldes beeinflusst auch die Wellenlänge von Licht. Hat das Licht das Gravitationspotential verlassen, scheint das Licht eine größere Wellenlänge zu haben

Zeitdilatation" beträgt

$$d\tau = \frac{ds_{Uhr}}{c} = \frac{1}{c}\sqrt{g_{\mu\nu}dx^\mu dx^\nu} = \sqrt{g_{00}}dt \tag{2.38}$$

Wir untersuchen jetzt folgenden Sachverhalt: Es werden zwei Photonen vom Ort A in Richtung Ort B gesendet (siehe Abb. 2.16). Die Zeit im System des Photons sei τ, die Zeit im System des Beobachters sei t. Direkt angewendet ergibt sich für die differentiellen Zeitintervalle am Ort A bzw. Ort B nun nach ▶ Gl. 2.38

$$d\tau_A = \sqrt{g_{00}(r_A)}dt_A \qquad d\tau_B = \sqrt{g_{00}(r_B)}dt_B \tag{2.39}$$

Die sehr kurzen Zeitintervalle $d\tau$ können wir z. B. als eine Schwingungsperiode der Lichtwelle annehmen. Damit können wir die Frequenzen ν_A und ν_B gemäß $\nu = 1/t$ ausdrücken als $d\tau_A = \frac{1}{\nu_A}$ bzw. $d\tau_B = \frac{1}{\nu_B}$. Das Gravitationsfeld soll sich zeitlich nicht ändern. Dass heißt, dass die Reisezeiten für das erste Signal und für das zweite Signal für den Beobachter gleich lang sein müssen. Daraus folgt $dt_A = dt_B$. Wir können nun durch Division die ▶ Gl. 2.39 verbinden:

$$\frac{\nu_A}{\nu_B} = \sqrt{\frac{g_{00}(r_B)}{g_{00}(r_A)}}$$

Damit haben wir einen Ausdruck erhalten, mit dem man die Änderung der Frequenz einer Lichtwelle bestimmen kann, wenn Sie Gravitationspotentiale durchläuft. In der Praxis wird auch oft der Rotverschiebungsparameter $z = \frac{\nu_A}{\nu_B} - 1 = \sqrt{\frac{g_{00}(r_B)}{g_{00}(r_A)}} - 1$ bzw. die relative Rotverschiebung $\frac{\Delta\nu}{\nu} = \frac{\nu_B - \nu_A}{\nu_B}$ verwendet. Man kann also bei bekannten Prozessen (Lichterzeugung in Sternen) ausgesendete Spektren untersuchen und bei einer entsprechenden Rotverschiebung auf die Gravitationsfeldstärke am Entstehungsort schließen.

Wir wollen nun noch zwei Grenzfälle untersuchen: Ein sehr kleines und ein sehr starkes Gravitationspotential. Im Fall der Erdanziehung können wir im Rahmen der ART von einem sehr schwachen Gravitationspotential sprechen. Wie schon gezeigt, kann man für diesen Fall den entsprechenden Eintrag des metrischen Tensors durch die Newton-Gravitation annähern. Dann wird $g_{00}(r) \approx \left(1 - \frac{2GM}{rc^2}\right)$. Für die Umgebung um die Erdoberfläche ergibt sich mit dieser Näherung

$$z = \frac{\nu_A}{\nu_B} - 1 = \sqrt{\frac{1 - \frac{2GM}{h_B c^2}}{1 - \frac{2GM}{h_A c^2}}} - 1 \approx \frac{g(h_B - h_A)}{c^2} = \frac{gh}{c^2}$$

2.3 · Allgemeine Relativitätstheorie

Die Potentialdifferenz der Newtongravitation wurde linearisiert[23] und beträgt dann $\Phi_B - \Phi_A = g(h_B - h_A)$. Die relative Rotverschiebung beträgt dann

$$\frac{\Delta \nu}{\nu} = -\frac{gh}{c^2}$$

[23] Wie üblich durch Entwicklung in eine Taylor-Reihe.

Etwas besser für die Anwendung in der Schule geeignet ist vielleicht die Herleitung durch Nutzung des Energie-Impuls-Satzes. Hierfür betrachtet man die Energiebilanz der beiden Photonen mit Gesamtenergie $E_A = 2\pi \hbar \nu_A$ und $E_B = 2\pi \hbar \nu_B$. Das Photon A befinde sich nun noch zusätzlich im Gravitationspotential. Im schwachen Erdgravitationsfeld wird das Potential linearisiert. Es ergibt sich also

$$2\pi \hbar \nu_A = mc^2 + mgh \qquad 2\pi \hbar \nu_B = mc^2$$

Die relative Rotverschiebung beträgt demnach

$$\frac{\nu_B - \nu_A}{\nu_B} = \frac{2\pi \hbar}{2\pi \hbar} \cdot \frac{mc^2 - (mc^2 + mgh)}{mc^2}$$
$$= -\frac{gh}{c^2}$$

Man kann diesen Effekt der gravitativen Rotverschiebung im Erdfeld sogar messen [16]. Beim Mößbauereffekt gibt es eine sehr scharfe Linienemission von Photonen. Wenn Quelle und Empfänger durch einen Höhenunterschied von $h = 22\,\text{m}$ getrennt sind, ändert sich die Frequenz der emittierten Photonen um das Verhältnis

$$\frac{\Delta \nu}{\nu} = -\frac{gh}{c^2} = -2.46 \cdot 10^{-15}.$$

Diese Frequenzverschiebung kann man entsprechend den Berechnungen durch Messungen tatsächlich nachweisen.

Was passiert nun aber bei einem sehr starken Gravitationsfeld? Speziell wollen wir hier den Ereignishorizont eines schwarzen Loches als Ausgangsort für eine Photonen-Emission untersuchen. Dann wird die Rotverschiebung durch

$$\frac{\nu_A}{\nu_B} = \sqrt{\frac{g_{00}(r_B)}{g_{00}(r_A)}} = \sqrt{\frac{1 - \frac{r_S}{r_0}}{1 - \frac{r_S}{r}}}$$

beschrieben. Wenn nun der Ausgangsort der Photonenemission immer näher an den Ereignishorizont rückt, wird die Rotverschiebung

$$\frac{\nu_A}{\nu_B} = \sqrt{1 - \frac{r_S}{r_0}} \cdot \lim_{r \to r_S} \frac{1}{\sqrt{1 - \frac{r_S}{r}}} = \infty$$

unendlich stark. Die Verschiebung der Wellenlänge ins Unendliche ist gleichbedeutend mit unendlich geringer Frequenz/Energie und damit also Nichtexistenz. Man kann also kein Photon außerhalb des schwarzen Loches Beobachten, dass am Ereignishorizont seinen Ausgangspunkt nahm. Es ist also nicht möglich, dass ein Photon oder irgendein anderes Teilchen[24] den Ereignishorizont eines schwarzen Loches verlässt.

[24] Gemäß der Quantentheorie sind alle Teilchen auch Wellen mit bestimmten Wellenlängen.

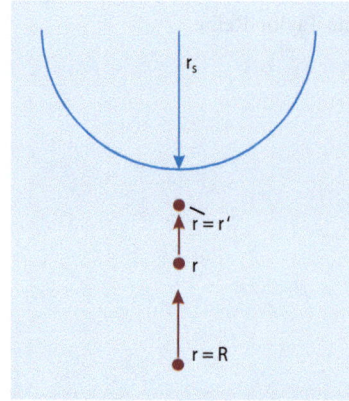

◘ Abb. 2.17 Fall eines Astronauten in ein schwarzes Loch

2.3.6 Fall in ein schwarzes Loch

Wir wollen nun an einem Beispiel die relativistische Bewegungsgleichung benutzen. Was liegt näher, als zu untersuchen wie ein Astronaut in ein schwarzes Loch fällt [2]. Der Sachverhalt ist in ◘ Abb. 2.17 dargestellt. Die Reise des Astronauten beginnt bei $r = R$ ohne Anfangsgeschwindigkeit ($\frac{dr}{dt} = \frac{dr}{d\tau} = 0$). Die Masse des schwarzen Loches ist auf einem Punkt konzentriert, also ist hier $r_b = 0$. Die Bewegungsgleichung lautete

$$\frac{d^2 x^\alpha}{d\tau^2} = \Gamma^\alpha_{\mu\nu} \frac{dx^\mu}{d\tau} \frac{dx^\nu}{d\tau} \tag{2.40}$$

mit den Christoffelsymbolen

$$\Gamma^\beta_{\mu\nu} = \frac{g^{\beta\alpha}}{2} \left(\frac{\partial g_{\alpha\mu}}{\partial x^\nu} + \frac{\partial g_{\alpha\nu}}{\partial x^\mu} - \frac{\partial g_{\mu\nu}}{\partial x^\alpha} \right). \tag{2.41}$$

Da wir nun die Schwarzschildmetrik nutzen, kann $g_{\mu\nu}$ eingesetzt werden und alle Ableitungen können ausgeführt werden. An diesem Beispiel sollen nun auch die entsprechenden Christoffelsymbole für die Bewegungsgleichung berechnet werden. Wir ignorieren die Koordinaten ϑ und φ und arbeiten lediglich mit $x^0 = c \cdot t$ und $x^1 = r$. Die Bewegungsgleichung für die x^0-Komponente, also $\alpha = 0$ in ▶ Gl. 2.40, lautet nun:

$$\frac{c^2 dt^2}{d\tau^2} = \Gamma^0_{\mu\nu} \frac{dx^\mu}{d\tau} \frac{dx^\nu}{d\tau}$$

$$= \Gamma^0_{\mu 0} \frac{dx^\mu}{d\tau} \frac{dx^0}{d\tau} + \Gamma^0_{\mu 1} \frac{dx^\mu}{d\tau} \frac{dx^1}{d\tau}$$

$$= \Gamma^0_{00} \frac{dx^0}{d\tau} \frac{dx^0}{d\tau} + \Gamma^0_{01} \frac{dx^0}{d\tau} \frac{dx^1}{d\tau} + \Gamma^0_{10} \frac{dx^1}{d\tau} \frac{dx^0}{d\tau} + \Gamma^0_{11} \frac{dx^1}{d\tau} \frac{dx^1}{d\tau}.$$

Nun benötigen wir noch die Christoffelsymbole Γ^0_{00}, Γ^0_{01}, Γ^0_{10} und Γ^0_{11}. Für nur zwei Koordinaten x^0 und x^1 wird ▶ Gl. 2.41 zu

$$\Gamma^0_{\mu\nu} = \frac{g^{0\alpha}}{2} \left(\frac{\partial g_{\alpha\mu}}{\partial x^\nu} + \frac{\partial g_{\alpha\nu}}{\partial x^\mu} - \frac{\partial g_{\mu\nu}}{\partial x^\alpha} \right) = \frac{g^{00}}{2} \left(\frac{\partial g_{0\mu}}{\partial x^\nu} + \frac{\partial g_{0\nu}}{\partial x^\mu} - \frac{\partial g_{\mu\nu}}{\partial x^0} \right) + 0,$$

weil $g^{01} = 0$ ist. Die Einträge für $g_{\mu\nu}$ sind nur ungleich 0 für die Fälle g_{00} und g_{11}. Die Christoffelsymbole werden nun berechnet durch:

$$\Gamma^0_{00} = \frac{g^{00}}{2} \left(\frac{\partial g_{00}}{\partial x^0} + \frac{\partial g_{00}}{\partial x^0} - \frac{\partial g_{00}}{\partial x^0} \right) = \frac{g^{00}}{2} \cdot \frac{\partial g_{00}}{\partial x^0} = (\ldots) \cdot \frac{\partial r}{\partial t} = 0$$

$$\Gamma^0_{10} = \frac{g^{00}}{2} \left(\frac{\partial g_{01}}{\partial x^0} + \frac{\partial g_{00}}{\partial x^1} - \frac{\partial g_{10}}{\partial x^0} \right) = \frac{g^{00}}{2} \cdot \frac{\partial g_{00}}{\partial x^1}$$

$$\Gamma^0_{01} = \frac{g^{00}}{2} \left(\frac{\partial g_{00}}{\partial x^1} + \frac{\partial g_{01}}{\partial x^0} - \frac{\partial g_{01}}{\partial x^0} \right) = \frac{g^{00}}{2} \cdot \frac{\partial g_{00}}{\partial x^1}$$

$$\Gamma^0_{11} = \frac{g^{11}}{2} \left(\frac{\partial g_{01}}{\partial x^1} + \frac{\partial g_{01}}{\partial x^1} - \frac{\partial g_{11}}{\partial x^0} \right) = -\frac{g^{11}}{2} \cdot \frac{\partial g_{11}}{\partial x^0} = (\ldots) \cdot \frac{\partial r}{\partial t} = 0$$

Da $g_{\mu\nu}$ nur von r abhängt, werden für Γ^0_{00} und Γ^0_{11} die letzten Terme zu partiellen Ableitungen der Form $\partial r / \partial t = 0$ führen. Aus der Schwarzschildmetrik $g_{\mu\nu}$ aus ▶ Gl. 2.37 ergibt sich $g_{00} = (1 - r_S/r)$. Ohne Beweis[25] ist außerdem $g^{00} = 1/g_{00}$. Damit lassen sich die verbleibenden beiden Christoffelsymbole bestimmen:

[25] Das würde weitere Erläuterungen zu ko- und kontravarianten Tensoren auf den Plan rufen. Dies möchte ich in diesem Lehrbuch gern vermeiden...

2.4 · Exotisches zur Relativität

$$\Gamma^0_{01} = \Gamma^0_{10} = \frac{1}{2\left(1-\frac{r_S}{r}\right)} \cdot \frac{\partial\left(1-\frac{r_S}{r}\right)}{\partial r} = \frac{1}{2\left(1-\frac{r_S}{r}\right)} \cdot \frac{r_S}{r^2} = \frac{r_S}{2r(r-r_S)}$$

Nun können wir diese in die Bewegungsgleichung der Zeit-Komponente x^0 einsetzen und erhalten

$$\frac{c^2 dt^2}{d\tau^2} = -\frac{2r_S}{2r(r-r_S)} \frac{dx^0}{d\tau} \frac{dx^1}{d\tau} = -\frac{r_S}{r(r-r_S)} \frac{c\,dt}{d\tau} \frac{dr}{d\tau}$$

Zusammen mit dem Wegelement für den Pfad des Astronauten auf geradem Weg (ϑ und φ werden also weggelassen)

$$c^2 d\tau^2 = ds^2 = \left(1-\frac{r_S}{r}\right) c^2 dt^2 - \frac{dr^2}{\left(1-\frac{r_S}{r}\right)}$$

haben wir einen Satz aus zwei Differentialgleichungen. Diese beiden Gleichungen lassen sich analytisch lösen. Die Lösung wird hier ohne Rechnung angegeben und lautet

$$e^{-\frac{c \cdot \Delta t}{r_S}} = \frac{r'-r_S}{r-r_S}$$

Wenn sich der Astronaut dem Ereignishorizont nähert, wird der Ausdruck auf der rechten Seite gegen 0 gehen. Daher muss auch die linke Seite der Gleichung gegen 0 gehen, was für $\Delta t \to \infty$ erfüllt ist. Für den ruhenden Beobachter dauert es also unendlich lange, bis der Astronaut den Ereignishorizont erreicht.

Wie läuft das ganze aber für den Astronauten ab? Dafür muss man nun die Rechnung mit der Eigenzeit $d\tau$ des Astronauten durchführen. Es ergibt sich, dass die Zeit für den Fall ins schwarze Loch in diesen Eigenzeitkoordinaten endlich ist! Die gesamte Fallzeit von $r = R$ bis zur Singularität ($r = 0$) beträgt

$$\Delta\tau = \frac{\pi}{2c}\left(\frac{R^3}{r_S}\right)^{\frac{1}{2}}$$

Der Astronaut nimmt den Moment nicht wahr, an dem er den Ereignishorizont passiert. Es ist also theoretisch möglich, den Ereignishorizont eines schwarzen Loches zu passieren.

2.4 Exotisches zur Relativität

In diesem Kapitel stelle ich kurz und ohne fachliche Tiefe Themen vor, die aus Wünschen von Studierenden ausgewählt wurden. Es sind hauptsächlich Effekte oder Vorstellungen, wie Sie in Medien oder aus Science-Fiction Filmen bekannt sind. Gerade wegen dieser Bekanntheit sind es aber auch gute Anknüpfungspunkte zwischen SchülerInnen und LehrerInnen, um interessante Gespräche über Physik zu führen.

2.4.1 Einstein-Rosen-Brücke

Eine spannende Vorhersage der ART ist die Möglichkeit der Existenz von Wurmlöchern. In der Literatur oder in Filmen wird darauf häufig eingegangen. Was aber hat es damit auf sich? Grundlegend beruhen Wurmlöcher auf der Existenz eines sogenannten „weißen Loches". Die Feldgleichungen erlauben prinzipiell Zeitumkehr – damit wäre ein solches weißes Loch das zeitumgekehrte Pendant zum schwarzen Loch. Es würde pausenlos Energie und Materie abstrahlen, und das in extremen Mengen. Ein solches Objekt wäre extrem

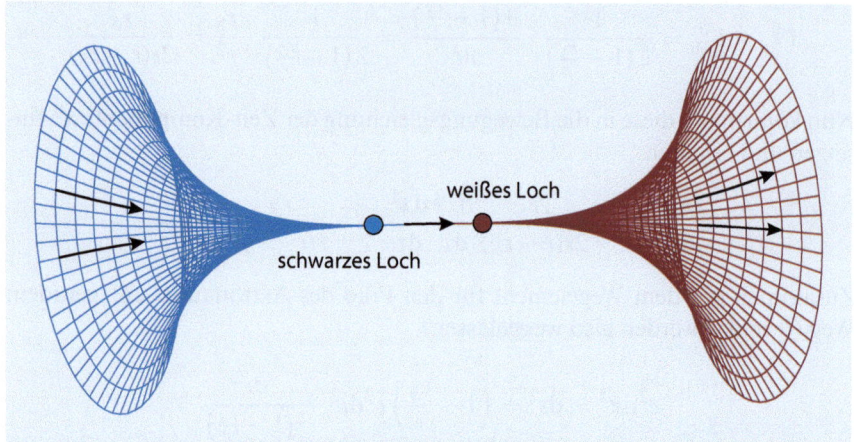

☐ **Abb. 2.18** Einstein-Rosen-Brücke als Verbindung eines schwarzen und weißen Loches. In kurzer Zeit könnten große Distanzen zurückgelegt werden

hell und würde am Nachthimmel alle anderen Galaxien deutlich überstrahlen. Die Existenz eines weißen Loches ist also physikalisch höchst unplausibel, da man es schon längst hätte beobachten müssen. Ignorieren wir diese Tatsache, kommt hinzu dass ein solches weißes Loch aus Gründen der Energieerhaltung nicht isoliert existieren kann. Aber: Es ist im Rahmen der ART möglich ein Objekt zu modellieren, dass eine Verbindung aus schwarzem Loch und weißem Loch darstellt wie in ☐ Abb. 2.18 gezeigt. Die Energieerhaltung wäre erfüllt und es wäre wie in der Science-Fiction möglich damit verschiedene Raumpunkte großer Entfernung miteinander zu verbinden. Diese Lösung der Feldgleichungen wurde 1935 von Einstein und Nathan Rosen vorgestellt, weswegen auch üblicherweise von einer Einstein-Rosen-Brücke gesprochen wird [17]. Neben dem bereits angesprochenen Problem mit den nicht beobachteten weißen Löchern, gibt es aber noch weitere Stolpersteine beim Benutzen des Wurmloches: Diese Lösung der Feldgleichungen ist selbst bei kleinsten Störungen instabil. Selbst der Eintritt eines Raumschiffes in das schwarze Loch würde die Verbindung destabilisieren und schließlich trennen. Dann würde man sich wiederfinden mit der Singularität hinter sich und dem Ereignishorizont vor sich – keine guten Raumfahrtbedingungen.

Als abschließende Bemerkung dazu aber noch gute Neuigkeiten: Es gibt auch neue theoretische Modelle von Wurmlöchern, die eine Passage ermöglichen könnten [18, 19].

2.4.2 Warp-Antrieb

Einstein-Rosen-Brücken sind also wahrscheinlich nicht geeignet, um interstellare Raumfahrt zu realisieren. Dann bleibt als nächste Option der sogenannte Warp-Antrieb aus dem Star-Trek Franchise. Und entgegen den üblichen Einschätzungen werden wir sehen, dass wir uns hier schon eher mit einer „umsetzbaren" Idee beschäftigen.

Das Ziel eines Warp-Antriebes ist kein geringeres, als die Fortbewegung mit Überlichtgeschwindigkeit. In Anlehnung an die Ideen von Star Trek gibt es echte Entwürfe, wie man solche Antriebe zumindest theoretisch realisieren kann. Realisieren heißt hier, man gibt eine gewisse Metrik vor, die die gewünschten Eigenschaften beinhalten würde. Wie man solch eine Raumkrümmung dann erzeugt kann natürlich noch nicht betrachtet werden. Einer der Umsetzungen eines Warp-Antriebes ist das Modell des „Alcubierre-drive" [21]. Nötig ist es

2.4 · Exotisches zur Relativität

bei diesem Ansatz, ein Feld negativer Energie zu erzeugen. Spekulationen zufolge könnte ja vielleicht die dunkle Materie hierzu einen Beitrag leisten. Dann könnte man den Raum vor dem Raumschiff zusammenziehen und hinter dem Schiff wieder ausdehnen. Insgesamt wäre die Raumkrümmung in einiger Entfernung also wieder ausgeglichen und es gibt nur einen lokalen Einfluss in der Umgebung des Raumschiffes wie man in ◨ Abb. 2.19 erkennt. Die Folge einer solchen vom Raumschiff erzeugten Raumkrümmung wäre, dass das Schiff sich mit $v < c$ bzw. gar nicht fortbewegt, sich das Ziel aber trotzdem relativ mit $v > c$ nähert. Außerdem wäre ein immens wichtiger Aspekt, dass durch die langsame Geschwindigkeit innerhalb der verformten Raumzeit keine Zeitdilatation berücksichtigt werden muss. Es ist also möglich ein entferntes Ziel in kurzer Zeit zu erreichen, ohne dass in der Heimat Millionen von Jahren vergangen sind. Die Metrik des Alcubierre-Drives soll diese Form annehmen:

$$ds^2 = \left(v_s(t)^2 f(r_s(t))^2 - 1\right) dt^2 - 2v_s(t) r_s(t) dx dt + dx^2 + dy^2 + dz^2$$

mit r_s, f und v_s als komplizierte Funktionen der Koordinaten. Die Notwendigkeit von exotischer Materie/Energie würde einem Energiebedarf in Größenordnungen von Planeten, Sternen oder gar Galaxien entsprechen. Das macht diesen Entwurf zunächst, vorsichtig gesagt, unpraktisch.

Zum Glück gibt es aktuelle Veröffentlichungen die belegen, dass man auch mit positiver Energie ein solches Warp-Feld erzeugen kann [22]. Der Energiebedarf ist aber leider auch hier unvorstellbar hoch.

2.4.3 Zeitreisen

Zeitreisen sind ein weiteres populäres Element, das eng mit der Relativitätstheorie verknüpft ist. Weil auch dieses Thema in den Medien sehr präsent ist, soll hier ein grober Überblick über gängige (wissenschaftlich fundierte) Theorien zu Zeitreisen gegeben werden.

2.4.3.1 Zeitreisen in die Vergangenheit

Zeitreisen in die Vergangenheit sind (leider) physikalisch äußerst unplausibel. Man denke nur an das Großvaterparadoxon: Man würde in die eigene Vergangenheit reisen und könnte dort seinen Großvater töten. Das würde aber die eigene Existenz verhindern und damit zu einem Paradoxon führen. In der ART wurden Zeitreisen aber natürlich auf ihre Machbarkeit hin untersucht. So fand Kurt Gödel 1949 eine entsprechende Möglichkeit [23]. Als Lösung für die Feldgleichungen beschrieb er sogenannte closed timelike curves (CTC). Diese Pfade durch die Raumzeit ermöglichen es, wieder zur eigenen Vergangenheit zu reisen. Das praktische Problem an diesen Lösungen ist aber eben, dass sie geschlossen sind. Wenn jemand in die Vergangenheit reist und dort etwas tut, so hat er es „immer schon getan". Man kann also die Zukunft mit der Reise in die Vergangenheit nicht beeinflussen sondern bedingt die bereits feststehende Zukunft damit. Auf philosophischer Ebene wird in diesem Zusammenhang auch oft vom problematischen freien Willen gesprochen.

Wenn man ohne die ART arbeitet und sich ausschließlich in einer quantenphysikalischen Welt befände, wären allerdings Reisen in die Vergangenheit ohne Paradoxa möglich. Möglich machen dies dann die Wahrscheinlichkeitsinterpretation oder die Many-World-Interpretation.

Die gute Nachricht für angehende Zeitreisende ist aber, dass nur die Einflussnahme auf die Vergangenheit das Problem darstellt. Könnte man in die Vergangenheit reisen ohne jede Einflussnahme (z. B. nur eine Bildübertragung aus der Vergangenheit), so wäre dies mit der Theorie vereinbar.

◨ **Abb. 2.19** Alcubierre-Drive: Der Raum vor dem Raumschiff wird kontrahiert, hinter dem Raumschiff expandiert – hier durch die Höhenlagen der dargestellen Funktion illustriert. [20]

Eine weitere hypothetische Möglichkeit, in die Vergangenheit zu reisen wäre unser bereits bekannter Warp-Antrieb als Möglichkeit einer Fortbewegung mit $v > c$. Durch die Zeitdilatation mit $v > c$ wird die Eigenzeit dann negativ ablaufen.

2.4.3.2 Zeitreisen in die Zukunft

Zeitreisen in die Zukunft sind dagegen allgegenwärtig. Wir alle reisen pausenlos in die Zukunft. Jedoch mit einer uns vorgegebenen Gechwindigkeit die wir nicht beeinflussen können. Es stellt sich also eher die Frage, wie wir *schneller als üblich* in die Zukunft reisen können. Dies kann man direkt durch Anwendung der Gesetze aus der SRT und ART tun. Man strafft den Zeitablauf (verkürzt also die Eigenzeit) durch

- hohe Geschwindigkeiten: Wenn man sich mit einer relativistischen Geschwindigkeit bewegt, wird die Eigenzeit entsprechend der Zeitdilatation verkürzt. Wenn man eine Rundreise mit großer Geschwindigkeit unternimmt, kommt man deutlich später wieder auf die Erde als dies dem eigenen Zeitrahmen entspricht.
- große Gravitationspotentiale: In Anwesenheit großer Massen verkürzt sich ebenfalls die Eigenzeit. Wenn man also für einige Zeit t ein schwarzes Loch umkreist und dann zurückkehrt, ist für den Beobachter die Zeit $t_2 > t$ vergangen.

2.4.4 Dunkle Materie und dunkle Energie

2.4.4.1 Dunkle Materie

Am Anfang der 1970er Jahre wurde von Vera Rubin die Rotationsgeschwindigkeit von Sternen in entfernten Galaxien untersucht [24]. Dazu verwendete man die relativistische Rotverschiebung als Maß für die Geschwindigkeit in verschiedenen Bereichen der betreffenden Galaxie. Durch Rechnungen kann man durch die vorhandene sichtbare Materieverteilung (im Wesentlichen Sterne, die Licht/Strahlung emittieren) diese Rotationsgeschwindigkeit durch die ART sehr gut rekonstruieren. Eventuell vorhandene Planeten spielen bei der Masse keine Rolle, denn die Masse eines Sternensystems ist etwa gleich der Masse des zentralen Sterns[26]. Die Rotation müsste nach der Masseverteilung in der ART der blauen Linie in ◘ Abb. 2.20 entsprechen. Die tatsächlichen Messungen durch die Rotverschiebung zeigten aber dagegen bei großen Abständen vom Zentrum eine eher konstante Rotationsgeschwindigkeit. Die einzig mögliche Erklärung dafür ist, dass die angenommene Masse und Massenverteilung falsch war. Wenn man in den Rechnungen eine fiktive Masseverteilung hinzufügt lässt sich das Messergebnis in Übereinstimmung mit der Theorie bringen. Der Haken an der Sache ist, dass diese hinzugefügte Masse *(dunkle Materie)* dann etwa einen Großteil der Gesamtmasse ausmachen müsste (siehe Abb. 2.21). Das heißt, nur etwa 5–10 % der Materie einer Galaxie sind sichtbar und bestehen aus uns bekannter Materie.

Was soll nun aber diese dunkle Materie sein? Zunächst einmal wird unter diesem Begriff alles zusammengefasst, dass nicht intensiv genug Strahlung aussendet, um von uns wahrgenommen zu werden. Dies beinhaltet also auch ausgebrannte Sonnen oder zu schwach leuchtendes interstellares Gas. Aber selbst optimistische Schätzungen zu diesem Beitrag erklären bei Weitem nicht diese große Menge an nötiger dunkler Materie. Weitere Kandidaten für die nichtsichtbare Masse sind Neutrinos. Diese sind zwar so gut wie masselos, dafür gibt es Sie aber in unvorstellbar großer Zahl. Neue Messungen geben Abschät-

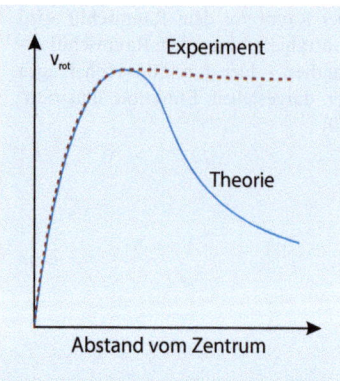

◘ **Abb. 2.20** Rotationsgeschwindigkeiten entfernter Galaxien

[26] Unsere Sonne besitzt etwa 99,8 % der Masse unseres Sonnensystems.

2.4 · Exotisches zur Relativität

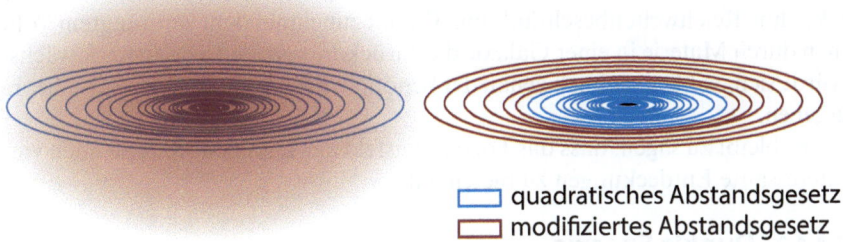

◻ Abb. 2.21 Mögliche Szenarien: (links) Ein Halo aus dunkler Materie umgibt jede Galaxie und bewirkt so besonders in den äußeren Bereichen eine veränderte Rotationsgeschwindigkeit. (rechts) Gemäß der MOND-Theorie wirkt die Gravitation im Inneren von Galaxien (blau) proportional zu $\frac{1}{r^2}$, in den äußeren Gebieten (rot) dagegen eher linear

zungen für Menge und Masse – die ebenfalls nicht als Erklärung für die dunkle Materie ausreicht.

Es muss also noch bisher unbekannte Teilchenarten geben, die vermutlich nur durch Gravitation, aber nicht durch andere Kräfte wechselwirken. Das Universum besteht also demnach zum Großteil aus Materie/Energie, die wir weder beobachten können, noch im Labor erzeugen konnten. Es gibt theoretische Modelle, wie man Teilchen mit den geforderten Eigenschaften beschreiben kann. Eine hypothetische Teilchenfamilie sind die sogenannten WIMPS (Weakly Interacting Massive Particles). Diese sehr schweren Teilchen würden nur gravitativ und über die Kernkräfte wechselwirken, aber nicht mit Licht oder anderer elektromagnetischer Strahlung. So wie „Neutrinos mit dem Gewicht eines Goldatoms" könnten diese WIMPs durch extrem seltene Reaktionen mit Atomkernen auf der Erde detektiert werden. Bisher wurde ein solches Ereignis noch nicht bestätigt, aber die experimentellen Untersuchungen dauern an und werden ständig verfeinert.

Ein anderer hypothetischer Kandidat ist das Axion [25]. Diese Teilchen wären – im Gegensatz zu den WIMPS – viel leichter als Elektronen. Auch hier gilt aber, dass es bislang keinen erfolgreichen experimentellen Hinweis gibt.

Es gäbe auch die Möglichkeit einer noch bisher unbeobachteten Neutrinoart, den sogenannten sterilen Neutrinos [26, 27]. Diese Neutrinos sind relativ schwer und wäre immerhin indirekt über eine Wechselwirkung mit anderen Neutrinos nachweisbar.

Es gibt auch Forschung zu einer Möglichkeit, die Dunkle Materie als Erklärung überflüssig zu machen. Dafür schlägt man Änderungen an der bestehenden Gravitationstheorie vor [28]. Demnach wäre möglich, dass die Gesetzmäßigkeiten und auch etwa die Gravitationskonstante nicht überall im Universum identisch sind. Mit einer Ortsabhängigkeit des Newton'schen Abstandsgesetzes könnte man die Beobachtungen auch ohne die Dunkle Materie erklären. Man spricht dann von der MOND-Theorie (Modifizierte Newton'sche Dynamik). Das quadratische Abfallen der Gravitationskraft müsste dann in den äußeren Bereichen einer Galaxy eher zu einer linearen übergehen um die beobachteten Rotationsgeschwindigkeiten zu bestätigen (siehe Abb. 2.21 rechts). Allerdings gibt es bisher keine akzeptierte Begründung für eine solche nicht-universelle Gravitationstheorie. Der Ansatz hierzu ist bereits recht alt und wurde zwischenzeitlich bereits verworfen. Neue Messungen aber legen tatsächlich eine „Universelle Gesetzmäßigkeit", wie sie die MOND-Theorie liefert, nahe [29]. Ein ziemlich revolutionärer (und umstrittener) Ansatz verknüpft Effekte der Quantenphysik mit der Relativitätstheorie und würde damit wohl zu einer Herleitung des MOND-Ansatzes führen [30]. Demnach besteht das Universum aus miteinander verschränkten Qubits, deren Verschränkung durch die Anwesenheit von Materie gestört wird. Der Drang, dieser Störung entgegenzuwirken wird dann als Gravitation manifestiert. Die Verschränkung selbst ist ein nicht-lokaler Effekt ohne Reichweitenbeschränkung. Da mit zunehmendem verdrängtem Volumen durch Materie in einer Galaxie die zurückdrängende Energie stark wächst, würde sich wohl tatsächlich genau der benötigte Effekt aus der MOND-Theorie ergeben.

Es bleibt zu sagen, dass das Forschungsfeld der Dunklen Materie noch viele interessante Entdeckungen zu bieten hat.

2.4.4.2 Dunkle Energie

Die dunkle Energie wird als hypothetische Energieform herangezogen, um die beobachtete Expansion des Universums zu erklären. Die Raumsonde Wilkinson Microwave Anisotropy Probe (WMAP) hatte durch Messungen der kosmischen Mikrowellenstrahlung die Dunkle Energie erstmals kartografiert [31]. Die dunkle Energie müsste demnach sowohl die sichtbare als auch die dunkle Materie vom Energiegehalt her deutlich übersteigen. Etwa 70 % der Gesamtenergie des Universums würde demnach auf diese Energieform entfallen. Die dunkle Energie müsste homogen über das gesamte Universum verteilt sein und einen gewissen „Druck" ausüben der dann zur Expansion führt. Wissenschaftler favorisieren momentan die Idee, dass diese Dunkle Energie mehr oder weniger mit der Vakuumenergie der Quantenfeldtheorie identisch ist.

Der Weg zur Quantenphysik

Inhaltsverzeichnis

3.1 **Historische Atommodelle** – 44

3.2 **Widersprüche der klassischen Physik** – 48

3.3 **Photoelektrischer Effekt** – 55

3.4 **Röntgenstrahlung** – 56

3.5 **Wellenbeschreibung von Teilchen** – 61

3.6 **Heisenberg'sche Unbestimmtheitsrelation** – 65

© Der/die Autor(en), exklusiv lizenziert an Springer-Verlag GmbH, DE, ein Teil von Springer Nature 2025
M. Himpel, *Relativität und Quantenphysik für das Lehramt Physik*,
https://doi.org/10.1007/978-3-662-70815-6_3

> It was almost as incredible as if you fired a 15-in. shell at a piece of tissue paper and it came back and hit you. (*Ernest Rutherford*)

Wir werden nun nach der Relativitätstheorie als zweites zentrales Thema des Buches die Quantenphysik kennenlernen. Um einen übergeordneten Blick auf die Ergebnisse und Aussagen zu erhalten, ist es notwendig auch die historische Entwicklung der unterschiedlichen Modelle zu kennen. Manchmal ist es etwa sehr hilfreich, wenn man zur Vermittlung der Quantenphysik in der Schule die modernen Konzepte noch nicht betrachtet und stattdessen mit semi-klassischen Konzepten arbeitet. So werden wir das Photon als eine Art Licht-Teilchen kennenlernen, welches sehr hilfreich ist um viele Phänomene zu verstehen und anschauliche Aussagen zu tätigen. In der modernen Quantenmechanik hat das Photon in dieser Form keinen Platz mehr und wird „nur noch" im Rahmen der Quantenfeldtheorie eingeordnet. Im Folgenden wird zunächst auf die historischen Modelle eingegangen und dann mit der Schrödingergleichung und deren Anwendung die Grundlage für die moderne Quantenphysik gelegt.

3.1 Historische Atommodelle

Erste Hinweise auf Gedanken zur Atomvorstellung finden sich in Griechenland bei den Gelehrten Leukipp (440 v.Chr.) und Demokrit (460–370 v.Chr.). Sie lehrten bereits, dass alle Materie aus „unsichtbar kleinen", raumfüllenden, unteilbaren Partikeln bestehen. Außerhalb dieser *Atome* (von $\alpha\tau o\mu o\varsigma$ = unteilbar) solle nur leerer Raum existieren. Die charakteristischen Eigenschaften von Materie sollen demnach durch die verschiedenen Anordnungen gleicher oder ungleicher Atome realisiert werden. Diese Anschauung ist schon bemerkenswert nah an modernen Vorstellungen über den Materieaufbau. Zum ersten mal werden hier die Eigenschaften eines makroskopischen Körpers durch die Anordnung seiner Bestandteile bestimmt.

Platon (427–347 v.Chr.) beschreibt Atome als mathematische Raumformen wie Tetraeder, Oktaeder, Ikosaeder oder Würfel.

Aristoteles (384–322 v.Chr.) lehnte hingegen den Atomismus ab. Die Vorstellung eines leeren Raumes zwischen den Atomen widersprach seinem philosophisch geprägten Weltbild.

Erst bei Epikur (341–271 v.Chr.) wurde die Vorstellung Demokrits wiederbelebt. Zusätzlich wurde nun den Atomen eine Masse/Schwere zugeschrieben. Während der gesellschaftlichen Vorherrschaft der christlichen Kirche in Europa gerieten alle diese Modelle in Vergessenheit, da sie dem Schöpfungsgedanken widersprachen. Erst im 17. Jhd. bekamen mit der Entwicklung der Chemie die Thesen wieder Beachtung. Erst ab dem 19. Jhd. gab es mit der „gaskinetischen Theorie"[1] von Claudius, Maxwell und Boltzmann (siehe Experimentelle Physik 1 – Wärme) wieder substantielle Fortschritte bei der Beschreibung der elementaren Materiebausteine.

In den folgenden Abschnitten sollen die bedeutendsten Atomvorstellungen der Moderne, zusammen mit den wichtigsten Erkenntnissen daraus, kurz vorgestellt werden.

3.1.1 Dalton'sches Atommodell

John Dalton (1766–1844) erkannte durch seine Experimente und Analysen, dass das Masseverhältnis bei Stoffverbindungen immer konstant und eindeutig

---

[1] Hierbei geht es etwa um die Modellvorstellung von Luft als Ansammlung eigenständiger Atome/Moleküle. Der kinetische Temperaturbegriff wird definiert, Formulierung der Maxwell-Boltzmann-Veteilung usw.

ist. So bestehen zum Beispiel 100 g H₂O aus den Anteilen 11,1 g H₂ und 88,9 g
O₂. Das Massenverhältnis beträgt also immer 1:8. Zentrale Aussage seiner Veröffentlichung dazu im Jahr 1808 lautet: Das Wesen chemischer Umwandlung besteht in der Vereinigung oder Trennung von Atomen [32]. Außerdem stellte er die folgenden Postulate auf:

> **Dalton'sches Atommodell**
> - Alle elementaren Stoffe bestehen aus kleinsten Teilchen, die man chemisch nicht weiter zerlegen kann.
> - Alle Atome desselben Elementes sind in Qualität, Größe und Masse gleich. Sie unterscheiden sich aber in diesen Eigenschaften von den Atomen anderer Elemente.
> - Wenn chemische Elemente eine Verbindung eingehen, so vereinigen sich immer Atome der beteiligten Elemente, die zueinander in einem ganzzahligen Mengenverhältnis stehen.

In dieser (veralteten) Sichtweise kann man also das Masseverhältnis von Wasser (2 H + 1 O) auch darstellen als

$$\frac{m(2\,\mathrm{H})}{m(\mathrm{O})} = \underbrace{\frac{2}{16}}_{\text{Gewichte in Einheiten von } m_H} = \frac{1}{8} = \frac{11{,}1}{88{,}9}$$

Zur Information: Aus heutiger Sicht würde man dieses Massenverhältnis etwas anders betrachten. Die Masseneinheit ist heutzutage nicht mehr auf das Wasserstoffatom bezogen, sondern auf das 12-C Isotop des Kohlenstoffatoms:

> **Atomare Masseneinheit**
> $$1\,\mathrm{AME} = \frac{1}{12} m\left(^{12}\mathrm{C}\right) = 1{,}6605 \cdot 10^{-27}\,\mathrm{kg}$$

Die Hintergründe hierzu werden im Rahmen der Kernphysik behandelt.

3.1.2 Thomson'sches Atommodell

Im Jahr 1897 führten Emil Wiechert und Joseph John Thomson unabhängig voneinander Untersuchungen an Kathodenstrahlröhren durch. Wiechert fand heraus, dass die Kathodenstrahlung aus negativ geladenen Teilchen besteht. Thomson bestimmte andererseits die Masse dieser Teilchen und fand dabei heraus, dass es sich unabhängig vom Kathodenmaterial immer um die selbe Teilchenart handelt. Thomson entickelte aus dieser Erkenntnis die Idee, dass neutrale Atome stets aus einer ganzzahligen Menge Z Elektronen mit Ladung $-Z \cdot e$ und insgesamt $Z \cdot e$ positiver Ladung bestehen. Es lag nun nahe, die positive Ladung gleichmäßig über das Atomvolumen zu verteilen wie es in ◘ Abb. 3.1 skizziert ist. Wegen dieser homogenen Verteilung und eingebetteten Elektronen wird das Modell auch „Rosinenkuchen" genannt[2]. Die Ladungsträgerdichte ρ_p für die positive Hintergrundladung beträgt demnach für ein kugelförmiges Atomvolumen

$$\rho_p = \frac{Ze}{V_{\text{Atom}}} = \frac{Ze}{\frac{4}{3}\pi r_{\text{Atom}}^3}. \tag{3.1}$$

---

[2] Die positive Ladung ist also der „Teig" im Rosinenkuchen.

Um ein Gefühl für die Größenordnung dieser Ladungsdichte zu bekommen, setzen wir testweise die Zahlenwerte für die einfachsten Atome Wasserstoff und Helium ein. Die ▶ Gl. 3.1 liefert dann für Wasserstoff

$$\rho_{p,H} = \frac{1e}{\frac{4}{3}\pi(5{,}3 \cdot 10^{-11}\,\text{m})^3} \approx 2 \cdot 10^{11}\,\frac{\text{C}}{\text{m}^3}$$

und für Helium

$$\rho_{p,He} = \frac{2e}{\frac{4}{3}\pi(14 \cdot 10^{-11}\,\text{m})^3} \approx 1 \cdot 10^{10}\,\frac{\text{C}}{\text{m}^3}\,.$$

Diese Dichten der positiven Ladungsträger (heute wissen wir, dass es sich um Protonen handelt) erscheint zunächst riesig – Es wird sich aber in den folgenden Rutherford'schen Streuexperimenten zeigen, dass die Dichten sogar deutlich zu klein sind um bestimmte Beobachtungen zu erklären.

3.1.3 Rutherford'sches Atommodell

Ernest Rutherford experimentierte zum Ende des 19. Jahrhunderts mit α-Teilchen, die auf eine dünne Goldfolie (Dicke ca. $10\,\mu\text{m}$) treffen. Die α-Teilchen, zweifach positiv geladene Teilchen[2], konnte man damals aus einer Probe des Elements Radon gewinnen, dass durch atomare Zerfallsprozesse selbstständig diese Teilchen ausstößt. Durchgeführt wurden die dazugehörigen Experimente, skizziert in ◘ Abb. 3.2, durch Rutherfords Mitarbeiter Geiger und Marsden. Das berühmte *Rutherford'sche Streuexperiment* läuft dabei wie folgt ab: Die Radon-Probe emittiert ständig die gewünschten α-Teilchen. Mithilfe einer Blende geht man sicher, dass die Teilchen nur einen kleinen Bereich auf der Goldfolie treffen. Beim Durchgang der geladenen Teilchen durch die Folie beobachtet man nun teils sehr starke Ablenkung der α-Teilchen – fast bis hin zur Reflexion. Falls die Ladungen in den Goldatomen gleichmäßig verteilt wären, wie es das Rosinenkuchenmodell von Thomson suggeriert, dürften solch drastische Ablenkungen nicht möglich sein. Über diese Ergebnisse sagte Rutherford selbst [33]:

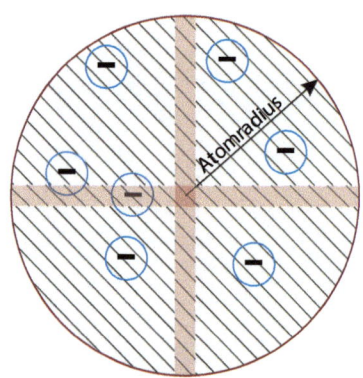

◘ **Abb. 3.1** Homogen verteilte positive Hintergrundladung und einzelne negative Ladungen im Atom gemäß Rosinenkuchenmodell

[2] Heute weiß man, dass es sich um Heliumkerne handelt.

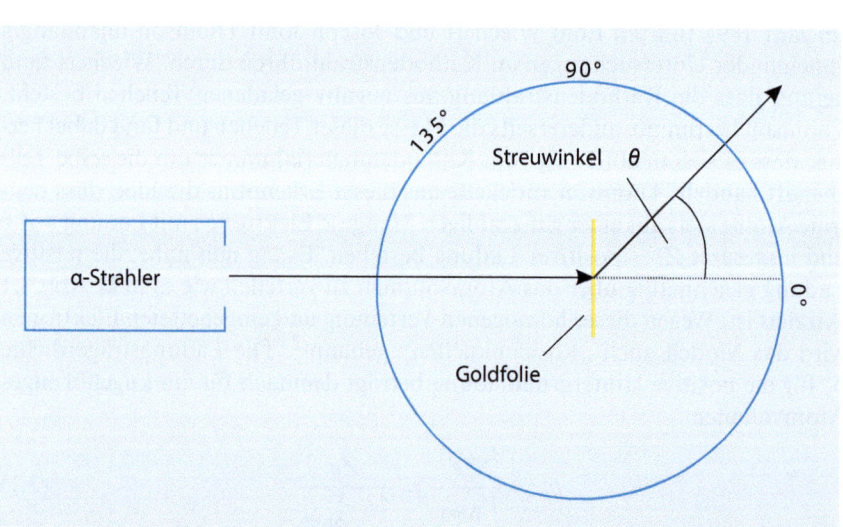

◘ **Abb. 3.2** Die α-Teilchen durchdringen zwar die Goldfolie, ändern aber ihre Ausbreitungsrichtung. Die Verteilung der Richtungsänderungen kann man durch den Detektorschirm untersuchen

3.1 · Historische Atommodelle

> It was quite the most incredible event that has ever happened to me in my life. It was almost as incredible as if you fired a 15-in. shell at a piece of tissue paper and it came back and hit you.

Interessant und lehrreich ist es nun zunächst die „falsche" Erwartung des Versuchsausganges durch Auswertung des Rosinenkuchenmodells zu beschreiben. Wir haben es hier nämlich mit einem sehr bekannten Problem aus der Statistik zu tun – dem *Random Walk*. Die Goldfolie ist zwar nur einige Mikrometer dünn, aber dennoch befinden sich hier etwa $5 \cdot 10^4$ Goldatome im Weg des Alphateilchens. Es ist also nach dem Rosinenkuchenmodell zu erwarten, dass das α-Teilchen auf dem Weg durch die Goldfolie sehr viele Stöße hintereinander mit jeweils einer kleinen zufälligen Richtungsänderung erfährt[3]. Vereinfacht stellen wir uns gemäß ◘ Abb. 3.3a vor, dass der Teilchenstrahl in x-Richtung auf die Hindernisse trifft. Die Frage ist nun, wie groß der Versatz in y-Richtung nach einer bestimmten Anzahl an Wechselwirkungen ist. Der Versatz soll dabei Δy heißen. Die Mathematik liefert uns die Wahrscheinlichkeitsverteilung für diesen abschließenden Versatz y nach dem kompletten Durchgang durch die Goldfolie in Form der Verteilungsfunktion

$$P(y) = const \cdot e^{-\frac{y^2}{m \cdot \Delta y^2}}.$$

Hierbei ist m die Anzahl der Stöße. Im Experiment ist nun die beobachtete Größe der Streuwinkel und nicht der Versatz. Unter der Annahme eines Random-Walk würde sich für die erwarteten Streuwinkel $N(\vartheta)$ ebenfalls eine Normalverteilung der Form

$$N(\vartheta) = c_1 e^{-c_2 \vartheta^2}$$

ergeben. Die Form dieser Verteilungsfunktion ist in ◘ Abb. 3.3b dargestellt. Für Zahlenwerte der Konstanten c_1 bzw. c_2, die zum Rutherford-Versuch passen, erhält man eine Halbwertsbreite von nur etwa 1,8° für die Ablenkung der Alphateilchen. Da dieser Winkel sehr klein ist[4], ist also nach dem Rosinenkuchenmodell nahezu keine Ablenkung der Alphateilchen zu erwarten – fast alle sollten die Goldfolie auf ziemlich gerader Linie durchdringen.

Die tatsächlich beobachtete Verteilung der Teilchen auf dem Detektorschirm ist deutlich breiter als dass man es durch einen Random-Walk in Verbindung mit dem Rosinenkuchenmodell erklären könnte. Daher muss nun an dieser Stelle das Modell an die Beobachtung angepasst werden, so wie es immer in der Physik passiert wenn neue Experimente im Widerspruch zu den aktuellen Modellen stehen. Die Anpassungen werden nun zum Rutherforsche Atommodell führen, dass schon sehr nah an der modernen Atomvorstellung liegt. Dieses Modell gründet auf den folgenden Annahmen:

> **Rutherford'sches Atommodell**
> — Die positiven Ladungen des Atoms sind in einem sehr kleinen Volumen im Kern komprimiert.
> — Dieser Atomkern vereinigt nahezu die gesamte Masse des Atoms (abzüglich der leichten Elektronen).

Wenn man die Schlussfolgerungen des Rutherford'schen Atommodells berücksichtigt, dann muss man nun die Streuprozesse auf andere Weise berechnen. Die Elektronen spielen durch ihre geringe Masse für die Streuung keine wesentliche Rolle. Das Problem kann also auf einen elektrostatischen Prozess zwischen fast punktförmigem Alphateilchen (He^{2+}) und fast punktförmigen positiv geladenem Atomkern reduziert werden. Auf die Herleitung der Streuwinkel wird hier zwar verzichtet, kann aber etwa bei [34] nachvollzogen werden. Als Ergebnis erhält man eine Abhängigkeit der Teilchenzahl N vom Streuwinkel θ in der Form

---

[3] Es ist hierbei nur die Coulomb-Abstoßung des α-Teilchens relevant. Die negativen Elektronen in den Goldatomen sind zu leicht um wesentlich zum Stoßprozess beizutragen.

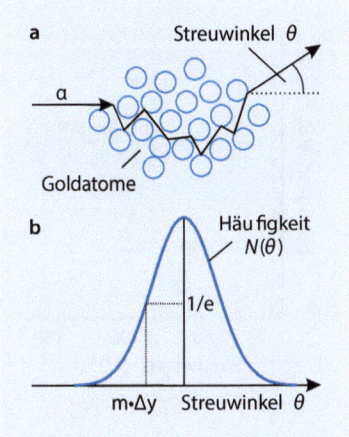

◘ **Abb. 3.3** (a) α-Teilchen durchdringen die Goldfolie in einzelnen Schritten, analog zum Random-Walk. (b) Verteilungsfunktion eines Random-Walk Vorganges

[4] … und die Normalverteilung exponentiell zu den Seiten abfällt…

> **Rutherford'sche Streuformel**

$$N(\theta) = const. \cdot \frac{1}{\sin^4\left(\frac{\theta}{2}\right)}$$

Diese Streuformel deckt sich sehr gut mit den Messergebnissen, wie man in ◘ Abb. 3.4 erkennen kann. Auch die beobachteten großen Streuwinkel von über 120° sind nun erklärbar. Diese großen Streuwinkel, die fast einer Reflexion entsprechen, kann man sich so erklären: Das Alphateilchen trifft in einigen Fällen (fast) frontal auf einen Atomkern. Da der Atomkern im Falle von Gold deutlich massereicher als das Alphateilchen ist, findet gemäß Impuls- und Energieerhaltung die starke Richtungsänderung statt. Übrigens sind die abstoßenden Coulombkräfte so groß, dass es bei der Wechselwirkung durch elektrostatische Kräfte bleibt – es findet also keine „Berührung" von Alphateilchen und Atomkern statt, obwohl man dennoch ganz allgemein von einem Stoßprozess spricht.

3.2 Widersprüche der klassischen Physik

Um die Jahrhundertwende gibt es mehr und mehr experimentelle Befunde, die nicht mehr mit den gültigen Modellen der Physik zu erklären sind. Einige dieser Effekte oder Beobachtungen sind etwa die „Ultraviolett-Katastrophe", der Photoelektrische Effekt, der Compton-Effekt, das Vorhandensein stabiler Atome und der Franck-Hertz-Versuch. Diese und weitere Beobachtungen machen nun nach und nach grundlegende Änderungen der Physik nötig. Die Physik etwa bis zu diesem Punkt wird auch als *klassische Physik* bezeichnet – als Abgrenzung zur Quantenphysik und zur relativistischen Physik.

3.2.1 Wellenbeschreibung des Lichtes als EM-Welle

Im Rahmen der klassischen Physik gibt es um das Jahr 1900 zwei mögliche Wege, die Lichtausbreitung zu beschreiben: Die Teilchen- und die Wellenhypothese. Die Teilchenhypothese *(Korpuskulartheorie)* geht auf Isaac Newton im 18. Jhd. zurück. Mit ihr lassen sich die geradlinige Ausbreitung im Rahmen der geometrischen Optik und auch Brechungsphänomene gut erklären.

Die Wellenhypothese setzt sich dann aber bis zum 20. Jhd. durch. Nach der Formulierung von Huygens Wellentheorie gab es viele Beobachtungen, die die Wellennatur von Licht bestätigte. Interferenz und Beugung etwa sind typische Wellenphänomene und können auch bei Licht beobachtet werden. Nach der Vorhersage der Elektromagnetischen (EM) Wellen durch Maxwell und deren Nachweis durch Heinrich Hertz gab es weiteren Vorschub für die Wellentheorie. Später wurde sogar das Licht als Spezialfall der Elektromagnetischen Wellen mit $\lambda = 400$ nm bis 700 nm identifiziert und das Wellenmodell wurde umfassend akzeptiert. Wir fassen hier noch einmal zusammen, wie Licht als EM-Welle mathematisch beschrieben werden kann. Die Welle besteht, wie der Name schon sagt, aus einem elektrischen (**E**) und einem magnetischem (**B**) Feld. Beide Feldstärkevektoren stehen bei einer ungestörten Welle senkrecht aufeinander und senkrecht zur Ausbreitungsrichtung. Damit ist Licht eine Transversalwelle. In reeler Darstellung wird die elektrische Feldstärke sich zeitlich und räumlich gemäß

$$\mathbf{E}(\mathbf{r}, t) = \mathbf{A} \cdot \cos(\omega t - \mathbf{k}\mathbf{r})$$

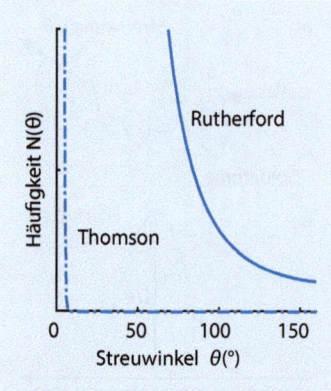

◘ **Abb. 3.4** Winkelverteilung beim Rutherford'schen Streuversuch. Die tatsächlichen Messwerte mit großen Ablenkwinkeln passen nicht zum Rosinenkuchenmodell, sehr wohl aber zum Rutherford'schen Atommodell

ausbreiten. Die zeitliche Änderung findet mit der Kreisfrequenz $\omega = 2\pi f$ statt. Der Wellenzahlvektor **k** beschreibt die Wellenlänge und Richtung der räumlichen Ausbreitung. Bei elektromagnetischen Wellen sind **k** und ω über die Dispersionsrelation $\omega(k) = \mathbf{c} \cdot \mathbf{k}$ bzw. $\omega = \frac{2\pi c}{\lambda}$ miteinander verbunden. Hier haben wir also schon c als Ausbreitungsgeschwindigkeit/Lichtgeschwindigkeit festgelegt.

Die Intensität einer solchen Welle ergibt sich dann zu

$$I = c \cdot \epsilon_0 E^2 .$$

Die Intensität entspricht einer bestimmten Leistung pro bestrahlter Flächeneinheit. Der Energietransport durch eine Elektromagnetische Welle wird durch den Poynting-Vektor

$$\mathbf{S} = c^2 \epsilon_0 \, (\mathbf{E} \times \mathbf{B})$$

beschrieben. An diesem Kreuzprodukt erkennt man erneut, dass die Energie in transversaler Richtung senkrecht zum elektrischen und magnetischen Feld transportiert wird. Die transportierte Energie hat eine Dichte von

$$\omega_{\text{em}} = \epsilon_0 E^2 = \frac{1}{2}\epsilon_0 \left(E^2 + c^2 B^2 \right) .$$

Hinweis: Der Begriff „Dichte" wird in diesem Semester noch verschieden gebraucht werden. Er bezieht sich manchmal auf eine Volumen (wie etwa die Massendichte $\rho = m/V$), manchmal auf eine Fläche oder auch auf Frequenzbereiche. Eine kurze Einheitenrechnung zeigt, auf welche Größe sich der Begriff Dichte hier bezieht:

$$[\omega_{\text{em}}] = \frac{\text{As}}{\text{Vm}} \cdot \frac{\text{V}^2}{\text{m}^2} = \frac{\text{VAs}}{\text{m}^3} = \frac{\text{J}}{\text{m}^3}$$

Es handelt sich also um eine Energie pro Raumvolumen.

3.2.2 Hohlraumstrahlung

Als erstes Beispiel, bei dem die Wellenbeschreibung nicht zu den durchgeführten Messungen passt, wird hier die Beschreibung der Hohlraumstrahlung gezeigt. Das gedankliche Modell des „Hohlraum" ist zweckmäßig um einen idealen Strahlungsabsorber zu beschreiben. Wie in ◘ Abb. 3.5 gezeigt, muss die Fläche ΔF der Eintrittsöffnung sehr klein im Vergleich zur Wandfläche F sein, damit die einfallende Strahlung absorbiert wird. Das Modell dieses idealen Absorbers wird gewählt, weil ein Objekt mit idealer Absorption auch ein idealer Emitter von Strahlung ist. Nach [35] kann man zeigen, dass die Zahl $n(\nu)$ der in einem Volumen möglichen Moden der Frequenz ν begrenzt ist. Sie beträgt im Frequenzbereich $d\nu$ und pro m^3 demnach

$$n(\nu) d\nu = \frac{8\pi \nu^2}{c^3} d\nu$$

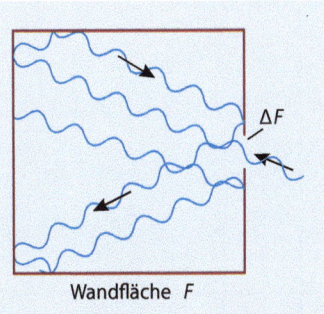

◘ **Abb. 3.5** Modell des Hohlraumes. Die Strahlung tritt durch eine kleine Öffnung ein, und gibt durch viele Reflexionen/Absorbtionen die Energie nahezu vollständig ab bevor die Austrittsöffnung erreicht wird.

Die Anzahl der Moden ist nun aber eine sehr abstrakte und schwer zu messende Größe. Es wäre wünschenswert, stattdessen die Energiedichte bestimmen zu können. In der klassischen Physik wählt man nun für jede dieser möglichen Moden die mittlere Energie von $k_B \cdot T$. Dabei ist T die Temperatur des Hohlraums. Der Modenbereich $d\nu$ hat dann eine räumliche Energiedichte von

> **Rayleigh-Jeans Gesetz**

$$\omega_\nu(\nu)\mathrm{d}\nu = n(\nu)k_\mathrm{B}T\mathrm{d}\nu = \frac{8\pi\nu^2}{c^3}k_\mathrm{B}T\mathrm{d}\nu. \tag{3.2}$$

Man spricht hier oft auch von einer spektralen Energiedichte[5]. Man erkennt leicht, dass die abgestrahlte Energie des Hohlraums also quadratisch mit der abgestrahlten Frequenz zunimmt. Wenn man jetzt herausfinden möchte, wie viel Energie denn ein Körper insgesamt über den gesamten Frequenzbereich abstrahlt, muss man also über ν integrieren.

$$\omega_\nu(\nu) = \int_0^\infty \omega_\nu(\nu)\mathrm{d}\nu = \frac{8\pi}{c^3}k_\mathrm{B}T \int_0^\infty \nu^2 \mathrm{d}\nu$$

Das Integral über ν^2 nimmt aber offenbar unendlich große Werte an. Dieses Verhalten, dass fälschlicherweise unendlich große Strahlungsenergien bei hohen Frequenzen vorhersagt, nennt man auch *Ultraviolett-Katastrophe*. Eine Katastrophe bedeutet hier die Tatsache, dass bei immer größere Frequenzen jenseits des sichtbaren Spektrums eine enorme Energie abgestrahlt werden würde[6]. Für niedrige Frequenzbereiche allerdings stimmt das Reyleigh-Jeans Gesetz aus ▶ Gl. 3.2 sehr gut mit den Messungen überein. Das Rätsel um die Ultraviolett-Katastrophe wurde erst durch die Quantenhypothese von Max Planck aufgelöst.

5 Also die Energiedichte von Strahlung im Frequenzbereich von ν bis $\nu + \mathrm{d}\nu$.

6 Bei $\nu = \infty$ wird also demnach vom Hohlraum mit Raumtemperatur unendlich viel Energie abgegeben. Das ist offenbar nicht möglich.

▶ **Beispiel 3.1**

Hinweis: Zum Modell des schwarzen Körpers werden auf Abschn. 5.2.1 Demonstrationsversuche vorgestellt. ◀

3.2.3 Planck'sche Strahlungsformel

Um eine neue Formulierung der Strahlung eines idealen Hohlraumes (oder auch schwarzen Körpers) zu formulieren, nutzte Max Planck einen unkonventionellen Ansatz. Auch er betrachtete die Moden in einem Hohlraum. Doch statt jeder diesen Moden die kontinuierliche Energie $k_\mathrm{B}T$ zuzuordnen, postulierte er diskrete Energien („Energiequanten") die von der jeweiligen Frequenz abhängen sollten. Die Energie einer solchen Mode mit n „Photonen" wäre dann

$$W_\nu = n \cdot h \cdot \nu,$$

mit dem *Planck'schen Wirkungsquantum* $h = 6{,}626 \cdot 10^{-34}$ Js. Das Photon wird also hier erstmals eingeführt als Schwingungszustand in einem idealen Hohlraum. Die Wahrscheinlichkeit, dass eine Mode die Energie W hat, wird durch den Boltzmann-Faktor bestimmt:

$$p(W) = const. \cdot \mathrm{e}^{\frac{-W}{k_\mathrm{B}T}}$$

Um die mittlere Energie pro Mode zu bestimmen, berechnet man nun das erste Moment[3] der Wahrscheinlichkeitsverteilung

$$\bar{W}_\nu = \sum_{n=0}^\infty W_\nu \cdot p(W_\nu) = \frac{\sum nh\nu \cdot \mathrm{e}^{\frac{-nh\nu}{k_\mathrm{B}T}}}{\sum \mathrm{e}^{\frac{-nh\nu}{k_\mathrm{B}T}}}, \tag{3.3}$$

---

3 In der Statistik nutzt man sogenannte „Momente" um Eigenschaften von Verteilungen zu berechnen. Das erste Moment entspricht dabei in etwa dem aus der Schule bekannten Mittelwert. Das erste Moment einer Verteilung berechnet man durch $m_1 = \int x \cdot p(x)\mathrm{d}x$ bzw. $m_1 = \sum x \cdot p(x) = \bar{x}$.

welches durch Methoden aus der Analyse von Folgen und Reihen noch weiter vereinfacht werden kann. Schließlich kann man durch Vereinfachung des Terms 3.3 zeigen, dass die mittlere Modenenergie

$$\bar{W}_\nu = \frac{h \cdot \nu}{e^{\frac{h\nu}{k_B T}} - 1} \tag{3.4}$$

beträgt. Wenn wir jetzt in ▶ Gl. 3.2 statt der mittleren Energie $k_B T$ pro Mode den Ausdruck 3.4 einsetzen, erhalten wir die Planksche Strahlungsformel

> **Planck'sche Strahlungsformel**

$$\omega_\nu(\nu)\mathrm{d}\nu = \frac{8\pi h \nu^3}{c^3} \frac{\mathrm{d}\nu}{e^{\frac{h\nu}{k_B T}} - 1} \tag{3.5}$$

Durch die Exponentialfunktion im Nenner wird die Energiedichte bzw. das Integral über die Energiedichte nun für große Frequenzen endlich, wodurch die Ultraviolett-Katastrophe nicht mehr auftritt. Die Energiedichteverteilung in ◘ Abb. 3.6 wird durch die blauen Linien dargestellt. Es zeigt sich offenbar, dass das Maximum der Strahlungsdichte von der Temperatur abhängt. Diese Verteilung ermöglicht nun weitere Analysen. Wir werden die Maxima der jeweiligen Funktionen sowie den gesamten Energieinhalt der Verteilungen im Folgenden noch genauer untersuchen.

3.2.4 Rayleigh-Jeans-Gesetz als Grenzfall

Wenn man bestehende physikalische Gesetze erweitert um neue Phänomene mit einzubeziehen, ist es sehr elegant wenn man die bis dato gültigen Gesetze als Grenzfälle herleiten kann. So ist es hier beispielsweise auch möglich, das schon bekannte Reyleigh-Jeans Gesetz als Grenzfall für kleine Frequenzen aus der Planckverteilung herzuleiten. Für den Frequenzbereich, in dem der Grenzfall gültig sein soll, gilt $h\nu \ll k_B T$. Den Faktor $\exp(h\nu/k_B T)$ kann man in diesem Fall (der Exponent wird durch $h\nu \ll k_B T$ sehr klein) in eine Taylor-Reihe entwicklen:

$$e^{\frac{h\nu}{k_B T}} \approx 1 + \frac{h\nu}{k_B T}$$

Damit wird dann aus der Planckverteilung durch Einsetzen der Näherung

$$\omega_\nu(\nu) = \frac{8\pi h \nu^3}{c^3} \frac{1}{e^{\frac{h\nu}{k_B T}} - 1} \approx \frac{8\pi h \nu^3}{c^3} \frac{1}{\cancel{1+}\frac{h\nu}{k_B T}\cancel{-1}} = \frac{8\pi \nu^2}{c^3} k_B T$$

direkt wieder das Rayleigh-Jeans Gesetz hergeleitet. Es bildet also den Grenzfall der Planck-Verteilung für kleine Frequenzen bzw. große Wellenlängen.

3.2.5 Wien'sches Verschiebungsgesetz

Die Planck-Verteilungen in ◘ Abb. 3.6 haben ihre Maxima bei verschiedenen Wellenlängen, abhängig von der gegebenen Temperatur T des Hohlraums. Im Umkehrschluss wäre es also möglich, aus der Kenntnis dieses Maximums die Temperatur des strahlenden Objektes zu bestimmen. Das Maximum der Verteilung findet man wie üblich durch Nullsetzen der Ableitung,

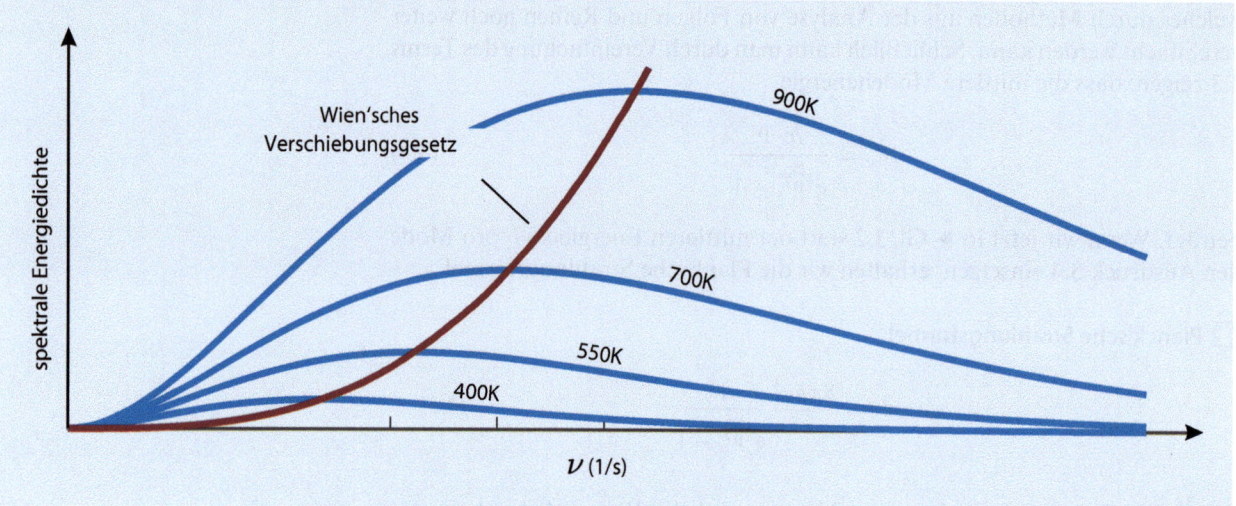

• **Abb. 3.6** (blaue Linien) Planck-Verteilung für verschiedene Temperaturen. (rote Linie) Das Wiensche Verschiebungsgesetz gibt die Positionen der Maxima der Planck-Verteilungen an

$$\frac{\mathrm{d}}{\mathrm{d}\nu}\omega_\nu(\nu) = \frac{\mathrm{d}}{\mathrm{d}\nu}\frac{8\pi h\nu^3}{c^3}\frac{1}{\mathrm{e}^{\frac{h\nu}{k_\mathrm{B}T}} - 1} = 0.$$

Das Ableiten ergibt:

$$0 = \frac{24\pi h\nu^2}{c^3}\frac{1}{\mathrm{e}^{\frac{h\nu}{k_\mathrm{B}T}} - 1} - \frac{8\pi h\nu^3}{c^3}\frac{\mathrm{e}^{\frac{h\nu}{k_\mathrm{B}T}} \cdot \frac{h}{k_\mathrm{B}T}}{\left(\mathrm{e}^{\frac{h\nu}{k_\mathrm{B}T}} - 1\right)^2}$$

Durch Kürzen

$$0 = \frac{3\cancel{24\pi h\nu^2}}{\cancel{c^3}}\frac{1}{\cancel{\mathrm{e}^{\frac{h\nu}{k_\mathrm{B}T}} - 1}} - \frac{\cancel{8\pi h\nu^3}}{\cancel{c^3}}\frac{\mathrm{e}^{\frac{h\nu}{k_\mathrm{B}T}} \cdot \frac{h}{k_\mathrm{B}T}}{\left(\mathrm{e}^{\frac{h\nu}{k_\mathrm{B}T}} - 1\right)^{\cancel{2}1}}$$

und Ersetzen von $h\nu/k_\mathrm{B}T = x$ folgt schließlich

$$x = 3 - 3\mathrm{e}^{-x}$$

Diese Gleichung kann man nun numerisch lösen und erhält als Lösung $x = 2{,}8214$. Die dazugehörige Frequenz ν erhält man nun durch das Rückersetzen von $h\nu/k_\mathrm{B}T = x$. Damit liegt dann die Frequenz ν_max bzw. die Wellenlänge λ_max, bei der die maximale Energiedichte eines schwarzen Körpers abgestrahlt wird bei

> **Wien'sches Verschiebungsgesetz**

$$\nu_\mathrm{max} = \frac{2{,}8214\,k_\mathrm{B}}{h} \cdot T = 5{,}873 \cdot 10^{10}\,\frac{1}{\mathrm{Ks}} \cdot T \tag{3.6}$$

$$\lambda_\mathrm{max} = \frac{2{,}897 \cdot 10^{-3}\,\mathrm{mK}}{T} \tag{3.7}$$

3.2 · Widersprüche der klassischen Physik

Bitte beachten: Die Temperatur T muss natürlich in Kelvin (statt Celsius) in die
▶ Gl. 3.6 und 3.7 eingesetzt werden, wie man auch leicht durch Kontrolle der
Einheiten erkennt:

$$\frac{1}{\text{Ks}} \cdot \text{K} = \text{s} \quad \text{bzw.} \quad \frac{\text{mK}}{\text{K}} = \text{m}.$$

Das Wien'sche Verschiebungsgesetz lässt es zu, durch Analyse des Spektrums
eines strahlenden Körpers dessen Temperatur zu bestimmen.

> ▶ **Beispiel 3.2**
>
> Die Sonne strahlt bei der Wellenlänge von $\lambda_{\max} = 480\,\text{nm}$ die meiste Energie ab.
> Gemäß ▶ Gl. 3.7 kann man also auf eine Oberflächentemperatur der Sonne von
> $T = 2{,}897 \cdot 10^{-3}\,\text{mK}/480\,\text{nm} \approx 6000\,\text{K}$ schließen. Es gibt für Versuche an der Schule vielfältige Möglichkeiten, das Sonnenspektrum (bzw. dann dessen Maximum) zu
> erfassen. ◀

Außer der konkreten Berechnungsvorschrift sei noch erwähnt, dass das Wien'sche Gesetz ganz grundlegend – ohne direkt auf die Zahlenwerte einzugehen – einen linearen Zusammenhang zwischen Temperatur des Körpers und
spektralem Maximum $\nu_{\max}$ bzw. $\lambda_{\max}$ angibt. Man kann diesen Zusammenhang dann also auch für bekannte Verhältnisse von Temperatur und spektralem
Maximum gemäß

$$\frac{\nu_{\max}(T_1)}{T_1} = \text{const.} = \frac{\nu_{\max}(T_2)}{T_2}$$
$$\lambda_{\max}(T_1) \cdot T_1 = \text{const.} = \lambda_{\max}(T_2) \cdot T_2$$

nutzen.

3.2.6 Stefan-Boltzmann'sches Strahlungsgesetz

Wir haben bereits die Lage des Maximums der spektralen Energiedichte ω_ν untersucht. Nun wollen wir noch Erkenntnisse aus der insgesamt abgestrahlten
Energie eines Körpers erhalten. Dazu müssen wir also über alle Frequenzen ν
in ω_ν integrieren. Das Integral

$$\omega(T) = \int_{\nu=0}^{\infty} \omega_\nu(\nu, T)\,\mathrm{d}\nu = \frac{8\pi h}{c^3} \int_{\nu=0}^{\infty} \frac{\nu^3 \mathrm{d}\nu}{e^{h\nu/k_B T} - 1}$$

kann man durch Substitution von $x = h\nu/k_B T$ vereinfachen. Das Differential
$\mathrm{d}\nu$ muss dabei ebenfalls substituiert werden gemäß $\mathrm{d}x/\mathrm{d}\nu = h/(k_B T)$. Dann
nimmt das Integral die Form

$$\omega(T) = \frac{8\pi h}{c^3} \int_{x=0}^{\infty} \frac{\overbrace{x^3 \left(\frac{k_B T}{h}\right)^3}^{=\nu^3} \overbrace{\mathrm{d}x \cdot \frac{k_B T}{h}}^{=\mathrm{d}\nu}}{e^x - 1}$$

an. Die konstanten Faktoren kann man vor das Integral ziehen

$$\omega(T) = \frac{8\pi h}{c^3} \left(\frac{k_B T}{h}\right)^4 \int_{x=0}^{\infty} \frac{x^3 \mathrm{d}x}{e^x - 1}$$

und das übrige bestimmte Integral kann man durch Nachlesen in einem Tabellenwerk (z. B. [36]) oder mit Online-Tools ermitteln. Dieses ergibt $\pi^4/15$. Schließlich ist unser Ergebnis

$$\omega(T) = \frac{8\pi^5 k_B^4}{15\, h^3 c^3} \cdot T^4.$$

Statt der Energiedichte wollen wir nun die insgesamt abgegebene Strahlungsleistung betrachten. Diese ist definiert als

$$\frac{dW}{dt} = \omega(T) \cdot \frac{c}{4}.$$

Damit finden wir nun letztendlich den gesuchten Ausdruck für die pro Zeiteinheit abgegebene Strahlungsenergie eines schwarzen Körpers:[7]

> **Stefan-Boltzmann'sches Strahlungsgesetz**

$$P = \frac{dW}{dt} = \frac{2\pi^5 k_B^4}{15\, h^3 c^2} \cdot T^4 = \sigma_{SB} \cdot T^4$$

mit der Stefan-Boltzmann-Konstante $\sigma_{SB} = 5{,}67 \cdot 10^{-8}\, \frac{W}{m^2 K^4}$. Hierbei handelt es sich um die gesamte Strahlungsleistung, die ein idealer Strahler in den Raum abstrahlt, also für den vollen Raumwinkel $\Omega = 4\pi$.

[7] Stefan und Boltzmann haben diesen Zusammenhang schon vor Entwicklung der Quantenmechanik entdeckt. Dann konnte aber die Konstante σ_{SB} nur empirisch beschrieben werden.

3.2.7 Exkurs: Spektrum von Leuchtmitteln

Das Spektrum einer Strahlungsquelle ist auch im Alltag von enormer Bedeutung. Vor der Nutzung von Energiesparlampen oder LED-Leuchten wurden im Wesentlichen Glühlampen/Halogenlampen verwendet. Letztere haben ein Strahlungsspektrum, das dem eines schwarzen Körpers sehr ähnlich ist und gut das natürliche Sonnenlicht, ebenfalls in guter Näherung ein schwarzer Körper, ersetzt. Durch die Prozesse bei der Lichterzeugung von LEDs bzw. Gasentladungslampen (Energiesparlampen) wird jedoch kein kontinuierliches Schwarzkörperspektrum erzeugt wie man in ■ Abb. 3.7 durch die rote Kurve erkennt. Dies führt zu einem unnatürlich wirkendem Licht, das sogar Einfluss auf Schlafverhalten und Konzentrationsfähigkeit haben kann – besonders bei

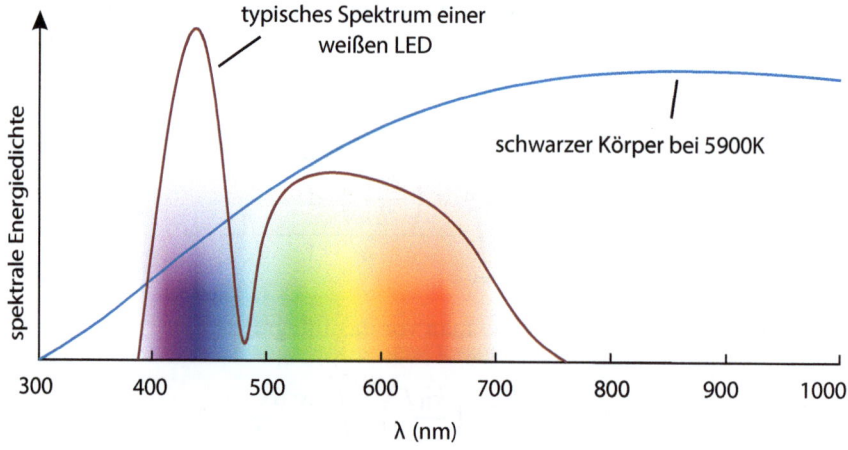

■ Abb. 3.7 Die blaue Linie entspricht dem Spektrum der Sonnenstrahlung bei 5900 K. Die rote Linie entspricht dem typischen Spektrum einer weißen LED

zu hohem Blauanteil im Spektrum. Höherwertige LED-Lichtquellen können aber bereits ein recht gutes Spektrum wiedergeben, so dass dieses Licht vom Menschen als „natürlich" wahrgenommen wird. Das Spektrum von Leuchtmitteln macht sich immer dann bemerkbar, wenn man bei künstlichem Licht fotografiert. Oft sind dann die Bilder/Videos mit einem deutlichen Farbstich versehen. Dieses Problem wird mit dem sogenannten Weißabgleich behandelt. Man muss die Sensorpixel auf dem Kamerachip also erst für die korrekten Intensitäten im Rot-Grün-Blau-Bereich kalibrieren. Man geht dabei davon aus, dass eine weiße Fläche stets das Umgebungslicht vollständig reflektiert. Wenn nun das Bild wie bei natürlichem Licht entstanden aussehen soll, so muss man etwa meist die Empfindlichkeit der Blau-Sensoren verringern und die der Rot-Sensoren erhöhen um die Sonne als Lichtquelle zu simulieren.

3.3 Photoelektrischer Effekt

Die Strahlungsphänomene waren nach Entdeckung der Planck-Verteilung der Schwarzkörperstrahlung weitgehend verstanden und erklärbar. Dann aber mehrten sich Experimente, die auf einen Teilchencharakter von Licht hindeuteten. Eines der prominentesten Beispiele ist ein Experiment von Lennard, dass im Jahr 1902 durchgeführt wurde. Dabei wurde eine Metallplatte dem Licht einer bekannten Wellenlänge ausgesetzt. In ◘ Abb. 3.8a ist die Versuchsanordnung skizziert. Die beiden Elektroden sind mit einer variablen Spannungsdifferenz verbunden und befinden sich im Vakuum damit die Elektronen nicht durch Luft behindert werden. Je nach Frequenz und Intensität des einfallenden Lichtes und angelegter Spannung kann man nun einen Photostrom I_{Ph} messen. Der Verlauf des Photostromes in Abhängigkeit der Beschleunigungsspannung U ist in ◘ Abb. 3.8b gezeigt. Man erkennt folgende wichtige Tatsachen: Bereits bei negativer Vorspannung $-U_0$ beginnt ein Photostrom zu fließen. Die Elektronen werden durch diese negative Spannung eigentlich „abgestoßen", treffen aber offenbar trotzdem auf die Elektrode. Außerdem geht der Photostrom bei einer bestimmten Spannung in einen Sättigungsbereich über.

Die Schlussfolgerungen von Lennard lauten gemäß diesen und weiteren Beobachtungen wie folgt:

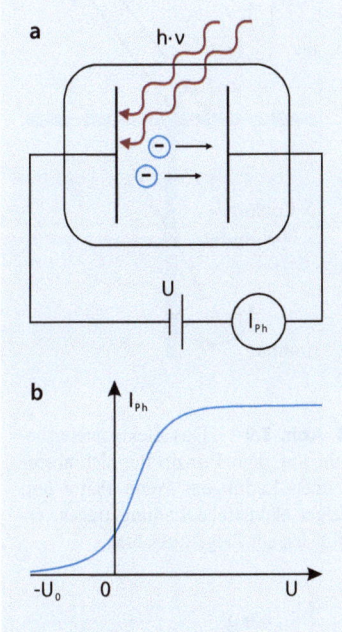

◘ **Abb. 3.8** (a) Schematische Versuchsanordung zur Messung des Photoeffektes. Bei Überschreiten eisner bestimmten Lichtwellenlänge kann man einen Photostrom I_{Ph} messen. (b) Verlauf des Photostroms abhängig von der Spannungsdifferenz aus a)

— Die kinetische Energie $\frac{m_e}{2} v_e^2$, mit der die Elektronen die Elektrode verlassen, ist nur von der Frequenz ν des einfallenden Lichtes abhängig und nicht von dessen Intensität.
— Die Zahl der Photoelektronen ist proportional zur Intensität des Lichtes.
— Es gibt keine (messbare) Verzögerung zwischen Lichteinfall und Elektronenaustritt.

Ähnliche Beobachtungen wurden auch von Hallwachs mithilfe eines Elektrometers gemacht. Dies ist ein einfach aufgebautes Gerät gemäß ◘ Abb. 3.9, das Ladungen anzeigen kann. Durch Bestrahlung der Platte mit Licht wurde diese offenbar (durch einen Zeigerausschlag angezeigt) aufgeladen. Einzig mögliche Schlussfolgerung war dann, dass Elektronen die Platte verlassen haben müssen.

> ▶ **Beispiel 3.3**
>
> Zum Photoeffekt wird auf Abschn. 5.2.4 ein Demonstrationsversuch vorgestellt. ◀

Diese Beobachtungen konnten mit den damaligen Modellen nicht erklärt werden. Im Wellenmodell des Lichts sollte eine hohe Intensität auch mehr Energie an die Elektronen übertragen. Außerdem würde sich die Energie des Lichtes auf alle bestrahlten Elektronen verteilen, was zu deutlich seltenerer Elektronemission führen müsste. Dies ist aber offenbar nicht der Fall. Die Erklärung dieser Phänomene wurde in einer Veröffentlichung von Albert Einstein im Jahr

8 W_A ist diejenige Arbeit, die aufgewendet werden muss um ein Elektron aus dem Material herauszulösen.

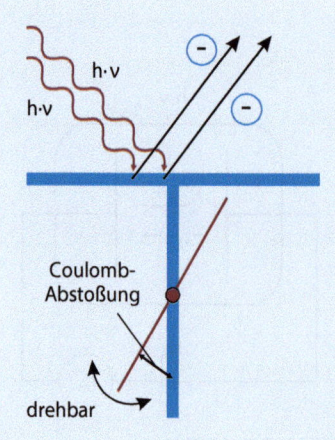

◘ **Abb. 3.9** Das Elektrometer beruht auf dem Prinzip der sich abstoßenden Ladungen. Wenn Platte und Zeiger elektrische Ladung tragen, ergibt sich ein Zeigerausschlag

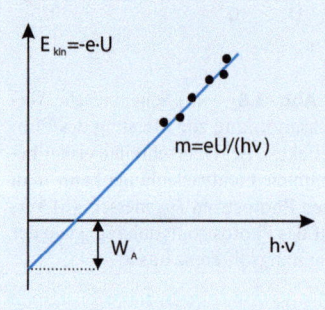

◘ **Abb. 3.10** Die Grafik zeigt beispielhafte Messwerte wie Sie mit einer Photozelle aufgenommen werden können. Die blaue Linie zeigt den Zusammenhang von ▶ Gl. 3.8. Aus der Steigung m der Kurve lässt sich beispielsweise das Planck'sche Wirkungsquantum h bestimmen.

1905 durch die „Lichtquantenhypothese" geliefert [37]. Für diese erhielt er im Jahr 1921 den Nobelpreis. Das Modell besagt, dass Licht sich wie ein Teilchen (*Photon*) verhält und dass jedes *Photon* mit der Energie $E = h \cdot \nu$ diese vollständig an genau ein Elektron abgibt. Die Energiebilanz der Photonenenergie E_{Ph} zusammen mit der kinetischen Energie der Elektronen $E_{kin,e}$ und der spezifischen Austrittsarbeit W_A [8] ergibt dann

> **Photoelektrischer Effekt**

$$E_{kin,e} = -e \cdot U_0 = E_{Ph} - W_A = h \cdot \nu - W_A \quad (3.8)$$

In ◘ Abb. 3.10 ist dieser Zusammenhang gezeigt. Der lineare Zusammenhang der Messwerte $E_{kin} = m \cdot \nu - W_A$ ist gut zu erkennen. Auch lässt sich durch Analyse der Messwerte nun die Austrittsarbeit der Elektronen bestimmen – dies entspricht genau dem Abschnitt der y-Achse unterhalb des Nulldurchgangs wie in ◘ Abb. 3.10 gezeigt. Die Steigung $m = \Delta y / \Delta x$ ist dann gemäß ▶ Gl. 3.8 identisch mit $(e \cdot U)/(h \cdot \nu)$. Der Photoeffekt ist als Demonstrationsversuch an Schulen fest etabliert um die Übertragung von Energiequanten zu zeigen und dafür auch gut geeignet. Es muss aber darauf hingewiesen werden, dass die damalige Erklärung des Versuches nach der Entwicklung der Quantenmechanik als Feldtheorie nicht mehr zeitgemäß ist. Beispielsweise kann man auch die Zustände in der Metallplatte quantisieren und erklärt damit für eine klassische Lichtwelle, ganz ohne Photonenmodell, die experimentellen Ergebnisse – sogar inklusive des korrekten Streuwinkels der Elektronen. Die Erklärung des Photoeffektes mit einem Photon als Lichtteilchen muss also immer im historischen Kontext betrachtet und vermittelt werden.

3.4 Röntgenstrahlung

Den soeben vorgestellten Effekt gibt es im Prinzip auch in umgekehrter Richtung. Die grundlegenden Ursachen sind zwar verschieden, aber grob betrachtet ist es auch möglich durch Beschuss einer Probe mit Elektronen die entsprechenden Lichtquanten zu erzeugen. Wir werden aber sehen, dass die Prozesse anderer Natur sind und eben nicht nur die Photonen mit Energie $E_{ph} = h\nu = E_{kin} + W_A$ erzeugen. Schon 1895 wurde dieser Effekt von Wilhelm Conrad Röntgen (1845–1923) entdeckt. Als er eine Gasentladungsröhre mit hohen Spannungen (schnellen Elektronen) betrieb, wies er eine bisher unbekannte Art von Strahlung nach die von der Anode ausging. Diese unbekannte Strahlung konnte Gewebe und Holz durchdringen. Er nannte diese Strahlung *X-Strahlen* (*X-Rays*). Ihm zu Ehren wird die Strahlung im deutschsprachigen Raum heutzutage *Röntgenstrahlung* genannt.

Röntgenstrahlung wird üblicherweise mit einer Röntgenröhre erzeugt, wie sie in ◘ Abb. 3.11 skizziert ist. Es handelt sich dabei um ein evakuiertes Glasgefäß mit einer Kathode und Anode. Die Kathode sendet durch Glühemission Elektronen aus wenn sie von einem Strom durchflossen wird. Die Elektronen schweben zunächst in einer Art „Wolke" im Raum nahe der Kathode. Wird nun zwischen Kathode und Anode eine hohe Spannung (im kV Bereich!) angelegt, werden die Elektronen stark zur Anode hin beschleunigt. Sie nehmen bei Durchlaufen der Potentialdifferenz die kinetische Energie $E_{kin} = e \cdot U$ auf.

3.4 · Röntgenstrahlung

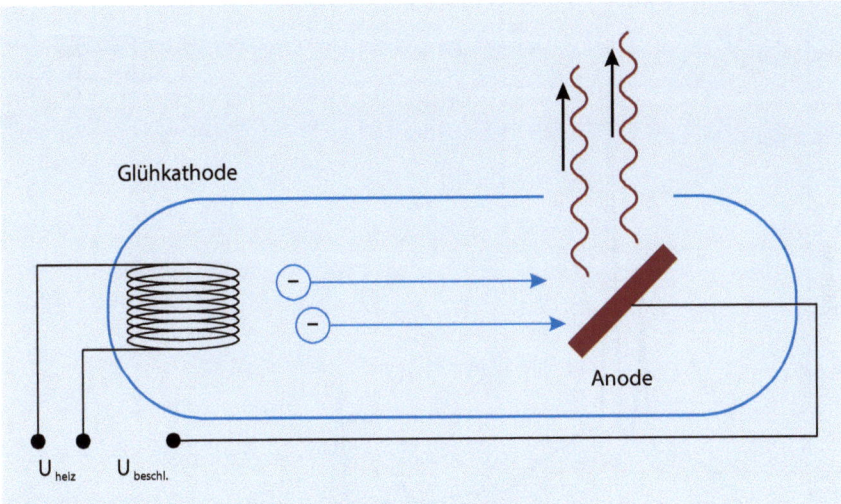

Abb. 3.11 Röntgenröhre zur Erzeugung von Röntgenstrahlung

Durch die hohe Spannung können dies Energien im keV-Bereich sein.[4] Wenn die Elektronen mit hoher Energie auf die Anode treffen, werden auf zwei unterschiedliche Arten Röntgenstrahlung erzeugt. Wir werden diese beiden Strahlungstypen als *Bremsstrahlung* und als *charakteristische Röntgenstrahlung* bezeichnen. In welchem Bereich die Stralungsenergien liegen ist außerdem namensgebend für die Strahlung: Strahlung mit einer Energie $< 100\,\text{keV}$ wird weiche Röntgenstrahlung genannt, bei einer Energie $> 100\,\text{keV}$ spricht man von harter Röntgenstrahlung.

3.4.1 Bremsstrahlung

Die (Röntgen-)Bremsstrahlung entsteht durch die Abbremsung der Elektronen im Anodenmaterial. Wie beim Rutherford'schen Streuversuch handelt es sich um eine Wechselwirkung durch Coulomb-Kräfte statt durch Stöße fester Körper. Die negativ geladenen Elektronen dringen also mit $E_{\text{kin},1}$ in den Atomverbund des Anodenmaterials ein und werden durch die elektrischen Felder in der Nähe von als fest angenommenen (weil im Kristallgitter verankert und sehr schwer) Atomkernen umgelenkt. Bei diesen Richtungsänderungen strahlt das Elektron jeweils gemäß den Maxwellgleichungen Energie ab und hat nach dem Stoß nur noch die Energie $E_{\text{kin},2}$. Es verliert also bei jedem Stoß die Energie

$$\Delta E_{\text{kin}} = E_{\text{kin},1} - E_{\text{kin},2} = h \cdot \nu,$$

die dann in Form eines Photons mit der Energie $E_{\text{Ph}} = h \cdot \nu$ abgestrahlt wird. In welchem Abstand das Elektron am Atomkern vorbeifliegt, beeinflusst die Stärke der Wechselwirkung und damit auch den Energieverlust durch den Stoß: Wenn das Elektron den Atomkern in großem Abstand passiert, ist der Energieverlust minimal. Wenn das Elektron frontal auf den Kern zufliegt, wird es viel Energie verlieren. Dies führt insgesamt zu einem kontinuierliches Spektrum. In

---

4 Die Einheit eV wird in der Vorlesung das Joule als Maß für die Energie mehr und mehr verdrängen. Die Umrechnung zwischen eV und J ist mit dieser Merkregel einfach: Man kann sich das e aus der Einheit eV direkt als eine Multiplikationsanweisung mit der Elektronenladung e vorstellen. Möchte man aus eV die SI-Einheit Joule erhalten, muss man also mit e multiplizieren:

$$1\,\text{eV} = 1\,e \cdot 1\,\text{V} = 1{,}6 \cdot 10^{-19}\,\text{AsV} = 1{,}6 \cdot 10^{-19}\,\text{J}$$

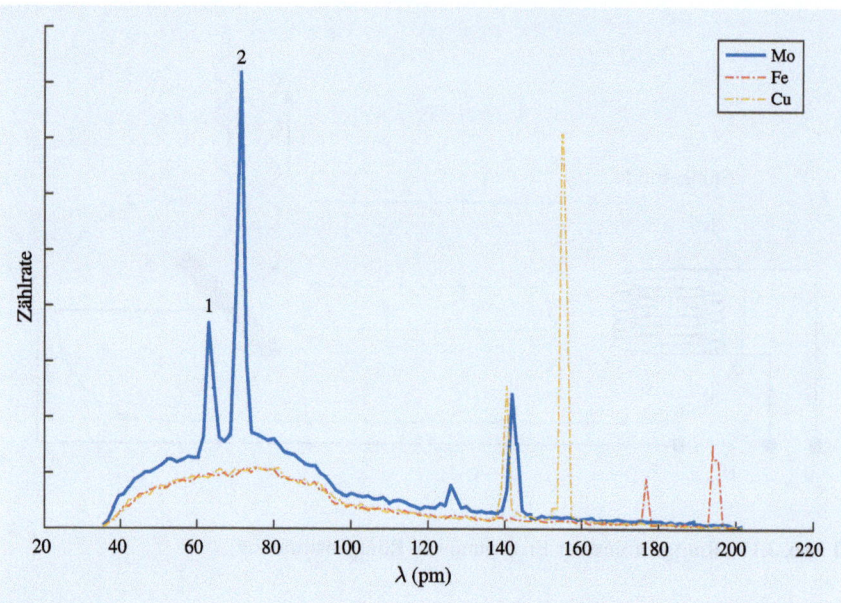

Abb. 3.12 Röntgenspektren verschiedener Anoden (Molybdän, Eisen und Kupfer). Die markierten Peaks zeigen die K_α (2) und K_β (1)-Linien. [38]

Abb. 3.12 wäre das also z. B. die blaue Kurve ohne die deutlich herausragenden Spitzen. Die größtmögliche Frequenz bzw. Energie ist dabei durch die Beschleunigungsspannung gegeben. In diesem Fall würde dann also ein Elektron mit der Energie $E_{\text{kin}} = e \cdot U$ seine gesamte Energie bei einem einzigen Stoß verlieren und abstrahlen. Das führt wegen $E_{\text{Brems,max}} = e \cdot U = h \cdot \nu_{\text{Brems,max}}$ zu einer maximal möglichen Frequenz von $\nu_{\text{Brems,max}} = \frac{e \cdot U}{h}$.

3.4.2 Charakteristische Röntgenstrahlung

Es gibt noch eine zweite Möglichkeit, wie die schnellen Elektronen ihre Energie an die Anodenatome abgeben können – dafür müssen wir allerdings etwas im Stoff vorgreifen. Die Elektronen der Hülle der Anodenatome befinden sich demnach auf diskreten Energieniveaus E_n, deren Lage für die Atomart spezifisch ist. Es ist nun möglich, dass das anfliegende Elektron seine Energie dazu nutzt, um eines der Hüllenelektronen eines Anodenatoms auf ein höheres Energieniveau anzuheben. Das Atom befindet sich dann insgesamt in einem angeregten Zustand ($A \rightarrow A^*$). Diesen Anregungsprozess kann man schreiben als

$$e^-(E_{\text{kin},1}) + A \rightarrow A^* + e^-(E_{\text{kin},2}).$$

Dieser Zustand ist aber nicht stabil, sondern nach einer kurzen Zeit wird sich wieder der energetisch günstigste Zustand („Grundzustand") herstellen[9]. Diese „Abregung" läuft nach dem Schema

$$A^*(E_i) \rightarrow A(E_k) + h\nu_{ik}$$

ab. Dabei ist die Energiebilanz mit der des anregenden Elektrons verbunden über

$$E_i - E_k = E_{\text{kin},1} - E_{\text{kin},2}.$$

Es können also nur Photonen durch diesen Prozess emittiert werden, deren Energie genau zu einer möglichen Differenz von Energieniveaus in der Atomhülle der Anodenatome passt. Daher besteht das charakteristische Röntgen-

[9] Höhere Energien: Der Prozess kann auch ablaufen, in dem ein Hüllenelektron aus dem Elektron geschlagen wird. Die Lücke wird dann durch ein weiter außen liegendes Elektron aufgefüllt.

spektrum auch aus diskreten Peaks anstelle einer kontinuierlichen Verteilung, wie in ◘ Abb. 3.12 gut zu sehen ist. Da die Energiedifferenzen $E_i - E_k$ für jede Atomart spezifisch sind, kann man also durch Kenntnis der Peakpositionen im Röntgenspektrum das Anodenmaterial bestimmen.

Die Untersuchung eines Materials durch Analyse der charakteristischen Röntgenstrahlung wird auch Röntgenemissionsspektroskopie (XES) genannt. Man damit beispielsweise Unreinheiten in Materialien detektieren. In ◘ Abb. 3.12 kann man gut erkennen, dass unterschiedliche Materialien wie Eisen, Kupfer oder Molybdän auch sehr unterschiedliche charakteristische Strahlungspeaks aufweisen. Anhand der Bremsstrahlung kann man die Materialien dagegen nicht unterscheiden.

▶ Beispiel 3.4

Auf Abschn. 5.2.8 wird die Röntgenröhre als Demonstrationsversuch vorgestellt. ◀

3.4.3 Beugung von Röntgenstrahlen

Nachdem die Beschaffenheit der Röntgenstrahlung beschrieben wurde, muss nun noch darauf eingegangen werden wie man die Untersuchungen experimentell überhaupt realisieren kann. Im Bereich der Optik kann man für die Bestimmung der Wellenlänge von sichtbarem Licht dessen Beugung an einem optischen Gitter verwenden. Wäre dies nicht auch eine Option für die Untersuchung von Röntgenstrahlung? Wir testen dies an einem Beispiel. In ◘ Abb. 3.12 lesen wir ab, dass wir es mit Strahlung der Wellenlänge von etwa $\lambda \approx 100\,\text{pm}$ zu tun haben. Wir verwenden nun ein eher feines Beugungsgitter mit Gitterkonstante $b = 1/1000\,\text{mm}$. Damit wäre das Maximum erster Ordnung ($m = 1$) bei

$$\vartheta_1 = \arcsin\left(\frac{m \cdot \lambda}{b}\right) = \arcsin\left(\frac{1 \cdot 100\,\text{pm}}{1 \cdot 10^6\,\text{pm}}\right) \approx 0{,}006\,°$$

unmöglich zu erkennen. Es wäre sinnvoller wenn man, wie bei der Analyse von sichtbarem Licht, ein Beugungsgitter mit Gitterabständen in der Größenordnung der Wellenlänge nutzen kann. Die Herstellung eines solchen Beugungsgitters ist aber technisch nicht umsetzbar, da die Wellenlänge $\lambda \approx 100\,\text{pm}$ im Bereich von Gitterabständen in Festkörpern liegt. Max von Laue nutzte daher im Jahr 1912 einen kristallinen Festkörper als dreidimensionales Beugungsgitter [39]. Wie aber kommt es bei der Wechselwirkung von Röntgenstrahlung und Festkörper zur Beugung? Die einfallende Strahlung wechselwirkt mit jedem der Atome im Kristallgitter. Man kann, wie in ◘ Abb. 3.13 auf der linken Seite gezeigt, das auch als eine Reflektion an der Gitterebene auffassen. Diese Gitterebenen sollen nun den Abstand d voneinander haben. Dann wird nach einer Vielzahl von Reflektionen an verschiedenen Ebenen der direkt reflektierte Strahl mit den austretenden Strahlen aus anderen Ebenen miteinander interferieren. Der Gangunterschied Δs der Strahlen kann leicht geometrisch hergeleitet werden und beträgt gemäß der rechten Skizze in ◘ Abb. 3.13 $\Delta s = 2d \cdot \sin(\vartheta)$. Wenn dieser Gangunterschied ein ganzzahliges Vielfaches der Wellenlänge ist, so wird konstruktive Interferenz stattfinden. Dies drückt sich aus im sogenannten Bragg'schen Gesetz, benannt nach William Bragg:

❯ Bragg'sches Gesetz

$$2d \cdot \sin(\vartheta) = m \cdot \lambda \qquad ; m = 1, 2, 3, \ldots \qquad (3.9)$$

Unter diesem betrachteten Winkel ϑ werden alle anderen Phasenbeziehungen der Welle mit Wellenlänge λ zur gegenseitigen Auslöschung führen. Es gibt für

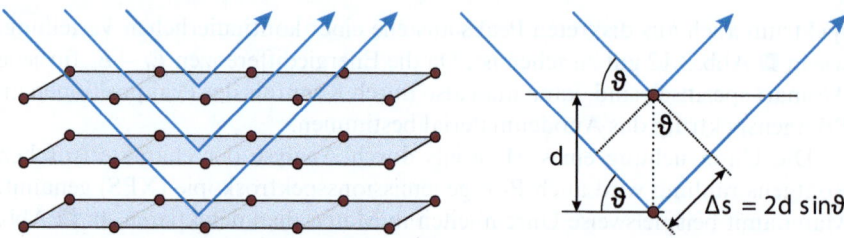

◘ **Abb. 3.13** Zur Röntgenbeugung an einem Kristallgitter. (links) Die einfallende Strahlung wird an den Kristallebenen reflektiert und tritt gemäß Reflektionsgesetz unter gleichem Winkel wieder aus. (rechts) Nach der Reflektion gibt es konstruktive und destruktive Überlagerung der Strahlung, je nach Gangunterschied beim Winkel ϑ. (Abbildung nach [8])

eine bestimmte Wellenlänge λ also immer genau einen Reflektionswinkel ϑ zur Kristalloberfläche, auch Glanzwinkel genannt, unter dem die Welle reflektiert wird. Dies eröffnet nun den Weg zur sogenannten Drehkristallmethode nach Bragg. Dabei wird der Kristall drehbar gelagert und bei verschiedenen Drehwinkeln wird die Strahlungsintensität gemessen. Der Drehwinkel lässt dabei mit ▶ Gl. 3.9 direkten Rückschluss auf die betrachtete Wellenlänge zu. Somit kann man die Intensität der Röntgenstrahlung nun wellenlängenaufgelöst bestimmen.

3.4.4 Compton-Effekt

Die Entdeckung der Röntgenstrahlung und die Möglichkeit deren Wellenlänge zu bestimmen führte nun zu neuen experimentellen Möglichkeiten. Arthur Holly Compton (1892–1962) untersuchte die Wechselwirkung harter Röntgenstrahlung mit einem Festkörper. Im Wellenmodell des Lichtes würde man erwarten, dass die einfallende Lichtwelle die Elektronen des Targetmaterials in Schwingung versetzt und dann wieder (abgeschwächt) mit gleicher Frequenz das Target verlässt. Beobachtet wurde aber auch eine Verringerung der Frequenz beim ausgetretenen Licht. Für das Experiment und dessen Erklärung wurde Compton 1927 der Nobelpreis verliehen. Für die Erklärung muss man annehmen, dass sich das Licht als Teilchen verhält. Um die üblichen Rechnungen der Kinematik für Stöße zu benutzen, benötigt man die Angabe eines Impulses für die Photonen. Der bekannte Impuls $p = m \cdot v$ ergibt hierbei keinen Sinn, da die Ruhemasse des Photons $m_{ph} = 0$ ist. Man kann aber über die Energie eine Impulsbeschreibung herleiten, allerdings muss man hierfür die relativistische Beschreibung verwenden. Die relativistische Energie berechnet sich durch den Energie-Impuls-Satz nach

$$E^2 = p^2 c^2 + m_0^2 c^4.$$

Da das Photon keine Ruhemasse m_0 hat, folgt daraus $E = p \cdot c$. Mit der bereits vom Photoeffekt bekannten Gleichung $E = h\nu$ kann man also den Impuls eines Photons bestimmen durch

> **Impuls des Photons**

$$E = p \cdot c = h\nu \rightarrow p = \frac{h\nu}{c} = \frac{2\pi}{2\pi} \frac{h}{\underbrace{\lambda}_{\lambda = c/\nu}} = \frac{h}{2\pi} \cdot \frac{2\pi}{\lambda} = \hbar k.$$

3.5 · Wellenbeschreibung von Teilchen

Die Konstante $\hbar$ (gesprochen „h quer") wird noch oft verwendet werden und bestimmt sich durch $\hbar = h/(2\pi)$ [10]. Wenn man dem Photon nun also diesen Impuls zuordnet, kann man das Experiment von Compton als Stoß (direkt und elastisch!) eines Photons mit Impuls $p_{Ph} = \hbar k$ und einem ruhenden Elektron mit schwacher Atombindung ($E_B \ll h\nu_{Ph}$) beschreiben wie es in ◘ Abb. 3.14 skizziert ist. Der Stoßprozess ist dann

$$h \cdot \nu_0 \bigg|_{vor} + e^- \bigg|_{E_{kin} \approx 0} \rightarrow h \cdot \nu_s \bigg|_{nach} + e^- \bigg|_{E_{kin}}$$

[10] Durch die Verwendung von $\hbar$ erspart man sich sehr oft das schreiben des Faktors 2π in vielen Gleichungen.

Nachdem man diesen Stoßprozess durch relativistische Energie- und Impulserhaltung betrachtet hat, findet man die Relation

> **Compton-Effekt**

$$\Delta\lambda = \lambda_s - \lambda_0 = 2\lambda_C \sin^2\left(\frac{\varphi}{2}\right) = \lambda_C(1 - \cos\varphi)$$

mit der Compton-Wellenlänge λ_C des Elektrons

$$\lambda_C = \frac{h}{m_e c}$$

Die Messergebnisse beim Compton-Versuch zeigen genau das hier beschriebene Verhalten: Man findet unter dem Streuwinkel φ die um $\Delta\lambda$ vergrößerte Wellenlänge des gestreuten Lichtes. Hier führt also die Betrachtung des Lichts als Teilchen mit der Fähigkeit zu einem Stoßprozess zur korrekten Beschreibung der Versuchsergebnisse.

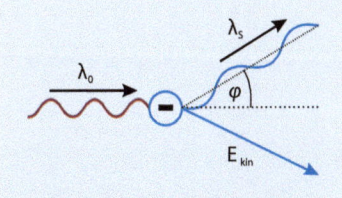

◘ **Abb. 3.14** Energie- und Impulsbilanz bei der Compton-Streuung. Die Beobachtung lässt sich nur erklären, wenn dem Photon Teilcheneigenschaften zugeordnet werden.

3.5 Wellenbeschreibung von Teilchen

Nachdem es sich für Licht als sinnvoll erwiesen hat, einem vermeintlichen Wellenobjekt Teilcheneigenschaften zuzuschreiben, wurde auch der umgekehrte Weg beschritten. 1924 schlug Louis de Broglie (1892–1987) vor, die Impulsbeschreibung von Licht $p = \hbar k$ auch auf Teilchen wie Elektronen, Atome und Neutronen anzuwenden [40]. Für die Herleitung der Debroglie-Wellenlänge unterscheiden wir zunächst 2 Fälle: Teilchen ohne Ruhemasse und Teilchen mit Ruhemasse [41].

Teilchen ohne Ruhemasse

Als ein **Teilchen ohne Ruhemasse** haben wir das Photon aus der Erklärung des Photoelektrischen Effektes kennengelernt. Für dieses Teilchen mit $m_0 = 0$ wird der Energie-Impuls-Satz zu $E = p \cdot c$. Dies kombinieren wir nun mit dem Energiequant des Photons $E = h \cdot \nu$ zu

$$p \cdot c = h \cdot \nu \rightarrow p = h \cdot \frac{\nu}{c} = \frac{h}{\lambda} = \hbar \cdot k$$

Wir können also einem Photon einen Impuls zuordnen, wie man dies bei einem klassischen Teilchen gewohnt ist.

Teilchen mit Ruhemasse

Für diesen Fall eines **Teilchens mit Ruhemasse** $m_0 \neq 0$ und Impuls $p = m \cdot v$, z. B. ein Elektron, können wir nicht einfach $p = h/\lambda$ nutzen und dem Teilchen so eine Wellenlänge zuordnen – für die Herleitung war im Energie-Impuls-Satz explizit $m_0 = 0$ gefordert [11]. Die Idee von de Broglie war es, eine ähnliche Beziehung auch für typische Teilchen zu finden. Hierfür nahm er an, dass diese sich auch durch eine Welle beschreiben lassen könnten. Die Teilchengeschwindigkeit v wäre dann, wie später im Kapitel gezeigt, mit der Gruppengeschwindigkeit v_g

[11] Zum Glück dürfen wir das letztenendes doch.

eines Wellenpaketes $v_T = v_g = \frac{d\omega}{dk}$ assoziiert. Außerdem gilt natürlich auch hier der Energie-Impuls-Satz. Wenn wir also nach einer Beziehung $p = p(\lambda) = p(k)$ für diesen Fall suchen, dann nutzen wir wieder die Äquivalenz der Energien wie im oberen Ansatz:

$$h \cdot \nu = \hbar\omega = \sqrt{p^2 c^2 + \underbrace{m_0^2}_{\neq 0} c^4}$$

Nun leiten wir beide Seiten der Gleichung nach k ab, um die Teilchengeschwindigkeit v_T in die Gleichung zu integrieren:

$$\hbar \frac{d\omega}{dk} = \frac{1}{2} \underbrace{\left(p^2 c^2 + m_0^2 c^4\right)}_{=E^2}^{-\frac{1}{2}} \left(2pc^2 \frac{dp}{dk}\right)$$

$$= \frac{pc^2}{E} \frac{dp}{dk}$$

$$= \frac{\gamma m_0 v_T c^2}{\gamma m_0 c^2} \frac{dp}{dk}$$

$$\hbar \gamma = \gamma \frac{dp}{dk}$$

Nun können wir durch Integration den Zusammenhang

$$p = p(k) = \int \hbar dk = \hbar k + c$$

erhalten. Aus Symmetriegründen $((-p) = \hbar(-k) + c)$ muss die Integrationskonstante $c = 0$ sein. Wir erhalten also den gleichen Zusammenhang $p = \hbar k = h/\lambda$ wie für das Photon – nur gibt es diesmal ebenfalls den kinematischen Impuls $p = m \cdot v$. Die Wellenlänge, die diesem Impuls entspricht, wird de Broglie-Wellenlänge genannt.

> **de Broglie-Wellenlänge**

$$\lambda_{dB} = \frac{h}{m \cdot v} = \frac{h}{\sqrt{2m \cdot E_{kin}}}$$

Durch den sehr kleinen Zahlenwert von h erkennt man leicht, dass es sich dabei um sehr kleine Wellenlängen bzw. sehr große Frequenzen handelt. Das macht es experimentell schwierig, solche Wellenphänomene zu beobachten [12]. Für diese neuartige Idee erhielt de Broglie 1929 den Nobelpreis. Erst 1929 wurde eine erfolgreiche experimentelle Bestätigung durch Davisson und Germer möglich. Dabei wurde die Elektronenbeugung an einem MgO-Kristall nachgewiesen. Dabei stellt also ein Elektronenstrahl die einfallende Welle dar und der MgO-Kristall wirkt als Beugungsgitter. Später konnten auch Beugungseffekte neutraler Atome nachgewiesen werden. Abschließend kann man also bestätigen: Auch „typische Teilchen" haben Welleneigenschaften.

12 Um ein Interferenzmuster eines Elektronenstrahles (m_e) durch einen Einzelspaltversuch zu beobachten, dürfte der Spalt nur einige Nanometer (oder weniger) breit sein!

3.5.1 Materiewellen und Wellenfunktionen

Louis de Broglie hat vorhergesagt, dass man Teilchen immer auch Welleneigenschaften zuordnen kann. Als konsequente Weiterentwicklung muss man sich nun auch fragen, ob diese Teilchen nicht auch durch eine Wellenfunktion beschrieben werden können statt durch eine Massepunkt-Bewegung. Ein direkter Ansatz wäre es, statt der üblichen harmonischen Wellenfunktion

3.5 · Wellenbeschreibung von Teilchen

$$\psi(x, t) = C \cdot e^{i(\omega t - kx)}$$

die Kreisfrequenz ω und die Wellenzahl k durch $E = h\nu = \hbar\omega$ und $p = \hbar k$ zu ersetzen. Dies führt zur Wellenfunktion

$$\psi(x, t) = C \cdot e^{i(\frac{E}{\hbar}t - \frac{p}{\hbar}x)} = C \cdot e^{\frac{i}{\hbar}(Et - px)} \quad (3.10)$$

die nun durch Parameter festgelegt ist, die auch Teilcheneigenschaften sind wie die Energie und der Impuls. Es gibt aber ein grundlegendes Problem mit dieser einfachen Formulierung: Die Wellenfunktion 3.10 ist nicht lokalisiert, wie man es von einem Teilchen erwarten kann. Diese Welle breitet sich im ganzen Raum aus, was der kinetischen Beschreibung einer Teilchenbahn widerspricht. Im folgenden Abschnitt betrachten wir aber eine Möglichkeit, ψ so zu modifizieren, dass der Teilchencharakter besser berücksichtigt wird.

3.5.2 Wellenpakete

Statt von einer ebenen Welle ausgehend die Wellenfunktion für ein Teilchen zu formulieren, soll nun das Modell der Wellenpakete besprochen werden. Grundlage dafür ist die Überlagerung von mehreren harmonischen Wellen mit jeweils verschiedenen Frequenzen und/oder Amplituden. Einfaches Beispiel hierfür ist die sogenannte „Schwebung" aus ◘ Abb. 3.15. Dabei werden zwei Wellen gleicher Amplitude, aber leicht unterschiedlicher Frequenz miteinander addiert. Die entstehende Welle besitzt eine Hüllkurve, in der das Signal dann mit der Frequenz $f_{\text{Res}} = \frac{\omega_2 + \omega_1}{2}$ oszilliert. Die Hüllkurve selbst hat die Frequenz $f_{\text{Hüll}} = \frac{\omega_2 - \omega_1}{2}$. Diese überlagerte Welle ist aber noch immer unendlich im Raum ausgedehnt. Das heißt, für alle Werte von x finden sich für alle Zeiten die „normalen" Amplituden. Schöner wäre es, wenn die Amplituden nur bei bestimmten (x, t)-Kombinationen relevant wären. Man kann die Wellenfunktion aber tatsächlich auf einen bestimmten Raumbereich begrenzen, indem man auf geschickte Art und Weise unendlich viele Funktionen verschiedener Frequenzen überlagert.[13] Hierfür schreiben wir zunächst die Wellenfunktion mit einer Amplitude $C(k)$, die nun die Stärke der aufgeprägten Wellenfunktionen repräsentieren soll. Ohne Begründung oder Herleitung wählen wir hier die folgende Zusammenstellung: Es sollen zur ursprünglichen Wellenfunktion mit Frequenz ω_0 und Wellenzahl k_0 noch weitere Wellen addiert werden, die

- eine Gauss-verteilte Amplitude $C(k)$ haben
- Wellenzahlen im Bereich von $-\infty$ bis $+\infty$ aufweisen.

Daraus ergibt sich das Integral

$$\psi(x, t) = C_0 \cdot \int_{k_0 - k_1}^{k_0 + k_1} e^{-(\frac{a}{2})^2 (k - k_0)^2} e^{-i(\omega_0 t - k_0 x)} dk \quad (3.11)$$

mit der Amplitudenfunktion

$$C(k) = C_0 \cdot e^{-(\frac{a}{2})^2 (k - k_0)^2} \quad (3.12)$$

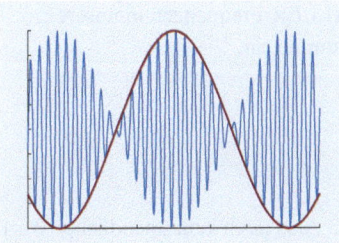

◘ **Abb. 3.15** Überlagerung zweier Wellenfunktionen resultiert in einer Schwebung.

13 Dies tut man auch in der Elektrotechnik, wo man etwa durch Überlagerung von verschiedenen Sinus-Schwingungen ein Rechtecksignal oder eine Sägezahnspannung erzeugt.

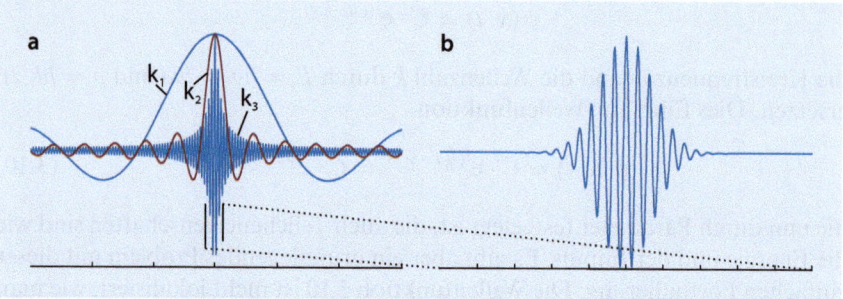

◻ **Abb. 3.16** a) Der Verlauf der Summation mit zunehmendem Bereich für k. Der Summationsbereich nimmt von k_1 bis k_3 zu und offenbar schränkt sich der Raumbereich der Welle dadurch immer mehr ein. b) Für unendliche Summation folgt schließlich das gesuchte Wellenpaket

12 Es gehen also Funktionen ALLER Frequenzen in unsere Summe ein.

13 Also noch kein unendlicher Wert für k_1.

Das Integral ist für $k_1 \to \infty$ [12] analytisch lösbar und ergibt für den Zeitpunkt $t = 0$ die Wellenfunktion

$$\psi(x, 0) = \left(\frac{2}{\pi a^2}\right)^{1/4} \cdot e^{-x^2/a^2} e^{ik_0 x} \tag{3.13}$$

Diese Wellenfunktion ist in ◻ Abb. 3.16b dargestellt. ◻ Abb. 3.16a soll veranschaulichen, wie der Weg zu einer lokalisierten Welle erfolgt. Mit zunehmender Breite des Integrationsbereiches[13] aus ▶ Gl. 3.11 werden die größeren Amplituden auf einen immer engeren Raumbereich konzentriert. So sieht man also bei stetiger Zunahme von k_1 über $k_2 > k_1$ zu $k_3 > k_2$, wie die Ausläufer in den Randbereichen sich außerdem mehr und mehr abflachen. Für einen unendlichen Integrationsbereich zeigt sich dann das Wellenpaket in ◻ Abb. 3.16b. Zu einem gegebenen Zeitpunkt t ist demnach die Amplitude der Wellenfunktion auf einen bestimmten Ort beschränkt und wir haben somit die gesuchte Lokalisierung des Teilchens erreicht. Das Maximum ($\partial \psi / \partial x = 0$) dieser Funktion befindet sich übrigens immer bei $x(t) = \frac{d\omega}{dk} \cdot t$. Dies ist genau die Definition der Gruppengeschwindigkeit einer Welle. Diese Gruppengeschwindigkeit ist unter Nutzung von

$$\omega = E/\hbar = p^2/(2m\hbar) = (\hbar k^2)/(2m)$$

über

$$v_g = \frac{d\omega}{dk} = \frac{\hbar k}{m} = \frac{p}{m} = v_T$$

als Teilchengeschwindigkeit v_T identifizierbar. Damit bewegt sich also das Maximum der Wellenfunktion mit der Geschwindigkeit $v_T \cdot t$ im Raum fort. Ein solches Wellenpaket kann also sowohl für Welleneigenschaften (es ist ja schließlich eine Wellenfunktion mit Frequenz und Wellenlänge) als auch für die Beschreibung der Teilcheneigenschaften (Ort, Impuls, Geschwindigkeit) genutzt werden.

Wir haben damit zwar das Problem der Lokalisierung der Wellenfunktion gelöst, aber es bleiben noch immer Unstimmigkeiten bei der Interpretation der Wellenfunktion als Teilchenbeschreibung:

- ψ kann komplexe Werte annehmen. Dafür ist keine physikalisch sinnvolle Interpretation möglich.

- Die Wellenfunktion läuft mit der Zeit auseinander, ein echtes Teilchen aber behält natürlich seine Lokalisation bei.[14]

Eine Möglichkeit, die Wellenfunktion eines Teilchens physikalisch sinnvoll zu interpretieren ist die folgende, gemeinhin auch als „Bornsche Wahrscheinlichkeitsinterpretation" bezeichnete Variante.

[14] Dies zeigen wir später mit der Heisenberg'schen Unbestimmtheitsrelation in ▶ Abschnitt 3.6.

3.5.3 Statistische Deutung der Wellenfunktion

Um 1926 wurde von Max Born vorgeschlagen, die Wellenfunktion ψ als eine Wahrscheinlichkeitsdichte zu interpretieren. Dabei solle das Quadrat der Wellenfunktion $|\psi(x, t)|^2$ die Wahrscheinlichkeit $W(x, t)$ dafür darstellen, dass sich ein Teilchen zur Zeit t in einem Ortsintervall x bis $x + \mathrm{d}x$ aufhält:

> **Born'sche Wahrscheinlichkeitsinterpretation**
>
> $$W(x, t)\mathrm{d}x = |\psi(x, t)|^2 \mathrm{d}x$$

Damit diese Interpretation von $|\psi(x, t)|^2$ als Wahrscheinlichkeit sinnvoll ist, muss man dafür sorgen, dass für die Wahrscheinlichkeiten W auch das Intervall $0\ldots 1$ abgedeckt wird. Man könnte auch sagen, das Teilchen „muss sich irgendwo befinden". Dieses Verhalten kann man mit der sogenannten Normierung

> **Normierung der Wellenfunktion**
>
> $$\int_{x=-\infty}^{x=\infty} |\psi(x, t)|^2 \mathrm{d}x = 1 \qquad (3.14)$$

sicherstellen. Mit dieser Interpretation ergibt sich dann, dass die Wahrscheinlichkeit, dass Teilchen im Zentrum des Wellenpaketes zu finden, am größten ist. Jedoch ist auch in einer kleinen Umgebung darum die Wahrscheinlichkeit nicht verschwindend klein – der Aufenthaltsort des Teilchens ist also in gewisser Weise „unscharf".

3.6 Heisenberg'sche Unbestimmtheitsrelation

Um die Unschärfe des Ortes in der Wellenfunktion näher zu untersuchen, betrachten wir nun die Wellenpakete mit den Gauss-Verteilten Amplituden gemäß ▶ Gl. 3.12. Es ergibt sich also mit etwas Umstellen der Gleichung für das gesuchte Wellenpaket das Integral nach 3.11

$$\psi(x, t) = C_0 \int_{-\infty}^{\infty} e^{-\left(\frac{a}{2}\right)^2 (k-k_0)^2} e^{\mathrm{i}(kx-\omega t)} \mathrm{d}k ,$$

welches analytisch gelöst werden kann. Um die Normierung gleich vorwegzunehmen, setzt man nun $C_0 = \frac{\sqrt{a}}{(2\pi)^{3/4}}$ und erhält die Funktion bzw. die Wahrscheinlichkeitsdichte für das Wellenpaket zum Zeitpunkt $t = 0$:

$$\psi(x,t) = \left(\frac{2}{\pi a^2}\right)^{\frac{1}{4}} \cdot e^{-\frac{x^2}{a^2}} \cdot e^{ik_0 x}$$

Die Wahrscheinlichkeitsdichte für diese komplexe Wellenfunktion[14] beträgt nun

14 Das Sternchen steht für die komplex-konjugierte Wellenfunktion. Der Imaginärteil hat darin das entgegengesetzte Vorzeichen.

$$\begin{aligned}|\psi(x,t)|^2 &= \psi(x,t) \cdot \psi(x,t)^* \\ &= \left(\frac{2}{\pi a^2}\right)^{\frac{1}{4}} \cdot e^{-\frac{x^2}{a^2}} \cdot e^{ik_0 x} \cdot \left(\frac{2}{\pi a^2}\right)^{\frac{1}{4}} \cdot e^{-\frac{x^2}{a^2}} \cdot e^{-ik_0 x} \\ &= \left(\frac{2}{\pi a^2}\right)^{\frac{1}{2}} \cdot e^{-\frac{x^2}{a^2}-\frac{x^2}{a^2}} \cdot \cancel{e^{ik_0 x - ik_0 x}} \\ &= \left(\frac{2}{\pi a^2}\right)^{\frac{1}{2}} \cdot e^{-\frac{2x^2}{a^2}}\end{aligned}$$

Diese Wahrscheinlichkeitsdichte wollen wir nun eingehender untersuchen. Für den gewählten Zeitpunkt $t = 0$ ist die Amplitude offenbar bei $x = 0$ maximal, weil dort die e-Funktion ihren größten Wert annimmt. Dies ist also der wahrscheinlichste Aufenthaltsort. An den Punkten $x_{1,2} = \pm\frac{a}{2}$ ist $|\psi|^2$ wegen

$$\left(\frac{2}{\pi a^2}\right)^{\frac{1}{2}} \cdot e^{-\frac{2a^2}{4a^2}} = \left(\frac{2}{\pi a^2}\right)^{\frac{1}{2}} \cdot e^{-\frac{1}{2}} = |\psi(0,0)|^2 \cdot \frac{1}{\sqrt{e}}$$

auf $1/\sqrt{e}$ abgesunken. Die „volle Breite" der Wellenfunktion wird nun üblicherweise genau mit diesen Werten $x_1 - x_2 = a = \Delta x$ definiert (siehe ◘ Abb. 3.17 oben). Diese Differenz wird auch als Ortsunschärfe bezeichnet.

Wie sich die Verteilung der Wellenzahlen verhält, kann man durch ähnliche Überlegungen an der Amplitudenfunktion 3.12 untersuchen. Hier sinkt der Funktionswert von $|C(k)|^2$ bei den Grenzen $k_{1,2} = \pm\frac{1}{2a}$ auf den $1/\sqrt{e}$-Teil ab. Die Breite der Verteilung ist dann $\Delta k = k_1 - k_2 = \frac{1}{a}$ (siehe ◘ Abb. 3.17 unten). Über den Parameter a kann man nun die Ortsunschärfe und die Unschärfe der Wellenzahlen verbinden und erhält $\Delta x \cdot \Delta k = 1$. Durch die Impulsbeschreibung von de Broglie ($p = \hbar k$) kann man nun den Wellenzahlintervall Δk durch die Impulsunschärfe $\Delta p = \hbar \cdot \Delta k$ ersetzen und erhält so $\Delta x \cdot \Delta p = \hbar$. Man kann mathematisch beweisen, dass die hier gewählte Gauss-Verteilung für die Wellenzahlamplituden zum geringst-möglichen Produkt aus Δx und Δp führt. Somit folgt die Heisenberg'sche Unbestimmtheitsrelation:

> **Heisenberg'sche Unbestimmtheitsrelation**

$$\Delta x \cdot \Delta p \geq \hbar \qquad (3.15)$$

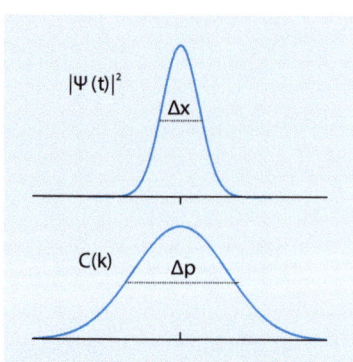

◘ **Abb. 3.17** (oben) Ortsunschärfe der Wellenfunktion eines Teilchens. (unten) Unschärfe der Wellenzahl bzw. des Impulses

Analog, wenn man ein Zeitintervall statt ein Ortsintervall betrachtet, folgt daraus die Unschärferelation für Energie und Zeit

$$\Delta E \cdot \Delta t \geq \hbar \qquad (3.16)$$

Diese Ergebnisse stehen im starken Gegensatz zur klassischen deterministischen Physik. Die Relation 3.15 besagt, dass es nicht möglich ist den Impuls und den Ort eines Teilchens gleichzeitig exakt zu kennen. Durch das Produkt muss eine hohe Präzision des einen Wertes durch eine geringere Präzision des anderen Wertes erkauft werden. Wenn man nun auch noch die zeitliche Entwicklung der Bewegung betrachtet, verstärken sich die Auswirkungen noch: Ein unscharfer

3.6 · Heisenberg'sche Unbestimmtheitsrelation

Impuls zur Zeit t_0 führt zu einer späteren Zeit t_1 zu einem großen Toleranzbereich in dem ein Teilchen anzutreffen ist. Die Energie-Zeit-Relation bedeutet außerdem, dass bei sehr kleinen Zeitintervallen die Energie eines Elementarteilchens in bestimmten Bereichen schwankt. Wir sehen hier auf einfache Weise die Auswirkungen der Quantenelektrodynamik (QED), die auch Energieschwankungen im Vakuum (auf kleinsten Zeitskalen) beschreibt – manchmal wird dieses Phänomen populär auch als Quantenschaum bezeichnet.

Welche Konstante genau auf der rechten Seite der Ungleichung 3.15 steht, hängt von der Definition der Breite der Verteilungen ab. Wenn die Funktionen auf den $\frac{1}{e}$-ten Teil abfallen sollen, folgt $\Delta x \cdot \Delta p \geq 4\hbar$. Wenn man die Breite bis zur ersten Nullstelle definiert, folgt $\Delta x \cdot \Delta p \geq h$.

3.6.1 Casimir-Effekt

Wir haben soeben gelernt, dass auf sehr kurzen Zeitskalen $\Delta t < \Delta E/\hbar$ auch im Vakuum Energie erzeugt und wieder vernichtet werden kann. Darauf beruht der sogenannte Casimir-Effekt, der eine nicht-intuitive Kraft zwischen zwei dicht angenäherten Objekten vorhersagt.

Man nimmt dafür an, dass aus den Vakuumfluktuationen für kurze Zeiten sogenannte virtuelle Teilchen geschaffen werden. Um die Gesetze der Energieerhaltung nicht zu verletzen, müssen diese Teilchen auch stets wieder vernichtet werden. Ein möglicher Prozess ist etwa die Entstehung von Teilchen-Antiteilchenpaaren für $\Delta t \approx \frac{\Delta E}{\hbar}$, die sich nach Entstehung durch Annihilation wieder vernichten. Meist werden bei diesem Prozess Photonen erzeugt, aber auch andere Teilchenarten sind möglich. Dieser Prozess ist nicht spekulativ, sondern kann direkt messtechnisch bestätigt werden. So springen etwa angeregte Atome wegen der Vakuumfluktuationen auf den Grundzustand. Schwieriger zu messen ist der nun vorgestellte Casimir-Effekt: Eine Skizze zum Effekt ist in Abb. 3.18 zu sehen. Die Platten mit der Fläche A seien hier sehr dicht beieinander positioniert. Der Casimir-Effekt beruht nun darauf, dass der Strahlungsdruck im Außenbereich der Platten größer ist als dazwischen und es so eine effektive Kraftwirkung zum Zentrum gibt. Die Vakuumenergie, die aus allen Energiequanten besteht kann man als

$$E_0 = \sum_k \hbar \cdot \omega_k$$

ausdrücken. Wir betrachten nun alles zunächst als eindimensionales Problem. Zwischen den Platten mit sehr geringem Abstand, können nur Photonen mit Wellenlängen existieren, deren Wellenlängen auch „exakt" zwischen die Platten mit Abstand L passen. Das ergibt eine Einschränkung für die Photonen-Wellenzahl. Wir gehen von Wellenfunktionen aus. Damit die Randbedingungen zu den Platten passen, muss etwa eine Sinus-Funktion $\sin(k \cdot x)$ dort immer Null sein, dass führt zu $k \cdot x = \pi, 2\pi, \ldots$

$$L \cdot k = n\pi \quad \rightarrow \quad k = \frac{n\pi}{L} \quad ; n = 1, 2, 3, \ldots$$

mit n als Zählvariable für die möglichen Vielfachen der Wellenlänge. Innerhalb der Platten beträgt dann die Vakuumsenergie:

$$E_0 = \sum_k \hbar \cdot \omega_k = \sum_k \hbar \cdot c \cdot k = \frac{\pi \hbar c}{L} \sum_{n=1}^{\infty} n$$

. Für den Bereich außerhalb der Platten gilt die Einschränkung für die Wellenzahlen nicht. Damit wird die Energie im Außenbereich zu

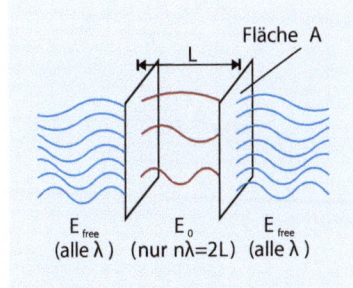

Abb. 3.18 Durch Vakuumfluktuation werden beim Casimir-Effekt nahe Platten zusammengedrückt.

$$E_{\text{aussen}} = \frac{\pi \hbar c}{L} \int_{n=0}^{\infty} n \cdot dn$$

Die Energiedifferenz zwischen diesen beiden Termen beträgt dann

$$\Delta E = E_0 - E_{\text{aussen}} = \frac{\pi \hbar c}{L} \left(\sum_{n=1}^{\infty} n - \int_{n=0}^{\infty} n \cdot dn \right)$$

Diesen Ausdruck kann man mit einer Summenformel analytisch auswerten und kommt zum Ergebnis

$$\Delta E = -\frac{\pi \hbar c}{12 L} \quad \rightarrow \quad F = -\frac{\partial \Delta E}{\partial L} = -\frac{\pi \hbar c}{12 L^2}.$$

Wenn man nun die Betrachtungen im dreidimensionalen Raum macht, ändern sich nur die Vorfaktoren. Bezogen auf eine Fläche der Platten A erhält man also die tatsächlichen Aussagen für den 3D-Fall:

> **Casimir-Effekt**

$$E_{\text{Cas}} = \frac{\pi^2 \hbar c}{720 L^3} \cdot A \tag{3.17}$$

$$F_{\text{Cas}} = -\frac{\pi^2 \hbar c}{240 L^4} \cdot A \tag{3.18}$$

Dies ist eine anziehende Kraft, die bewirkt dass die beiden Platten näher zusammengedrückt werden.

> ▶ **Beispiel 3.5**
>
> Zwei Metallplatten der Fläche $A = 1\,\text{cm}^2$ befinden sich in einem Abstand von $L = 1\,\mu\text{m}$. Die wirkende Casimir-Kraft ist dann $F_{\text{Cas}} \approx 1{,}3 \cdot 10^{-7}\,\text{N}$. ◀

Diese vorhergesagte Kraft wurde experimentell mit hoher Genauigkeit bestätigt. Meist wird die Kraft zwischen einer Kugel und einer Planfläche gemessen. Die Casimir-Kraft hat starke Auswirkungen auf Technik im Nanometer-Maßstab. So bewirkt sie etwa das kleine Nanomechaniken „zusammenkleben". Durch diesen Effekt wird also sozusagen eine problematische Grenze für die Miniaturisierung von Technik geschaffen.

3.6.2 Auseinanderlaufen des Wellenpaketes

Wie wir gesehen haben, nimmt die Unsicherheit über die Position und den Impuls eines Teilchens mit der Zeit zu. Wie kann man dieses Phänomen quantitativ erfassen? Die Ausbreitungsgeschwindigkeit eines Teilchens kann man, wie bereits gezeigt, über die Gruppengeschwindigkeit der Wellenfunktion $v_T = v_g = \frac{p}{m}$ beschreiben. Durch die Unschärferelation kennen wir nun aber lediglich den Impuls mit einer gewissen Toleranz, nämlich $p \pm \Delta p$. Die Unschärfe der Geschwindigkeit folgt dann durch Einsetzen:

$$\Delta v_g = \frac{1}{m} \Delta p = \frac{1}{m} \frac{\hbar}{\Delta x_0}$$

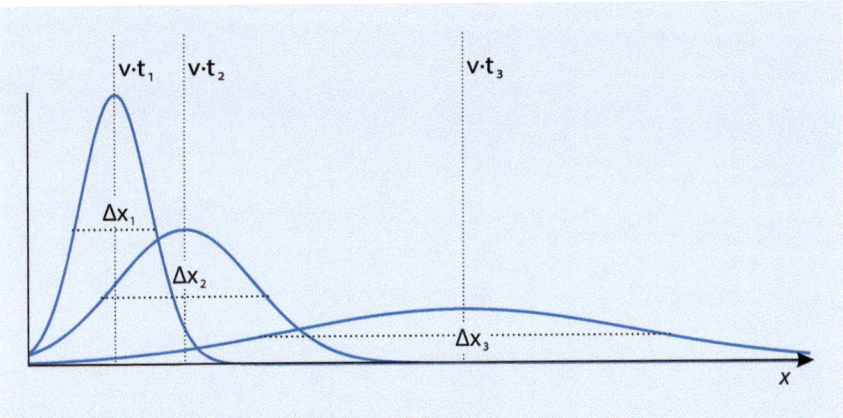

Abb. 3.19 Die Breite eines Wellenpaketes vergößert sich bei fortschreitender Zeit. Die Fläche der Wellenfunktion bleibt erhalten

Hierbei ist Δx_0 die ursprüngliche Breite des Wellenpaketes. Der Weg-Zeit-Zusammenhang wird dann

$$\Delta x(t) = \Delta x_0 + \Delta v_g \cdot t = \Delta x_0 + \frac{\hbar}{m \cdot \Delta x_0} \cdot t$$

Wie in ◘ Abb. 3.19 gezeigt, nimmt die Breite des Wellenpaketes also mit der Zeit zu. Interessanterweise wird dieses Auseinanderlaufen des Wellenpaketes besonders stark, wenn die ursprüngliche Breite gering war. Es hängt nämlich $\Delta v_g = \frac{\hbar}{m \cdot \Delta x_0}$ indirekt proportional von Δx_0 ab. Obwohl die Breite des Wellenpaketes mit der Zeit zunimmt, ändert sich die gesamte Fläche jedoch nicht. Dies wird durch die Normierung (die auch die Zeitkoordinate mit einschließt) durch ▶ Gl. 3.14 sichergestellt.

3.7 Zusammenfassung: Welle-Teilchen Dualismus

Wir haben in den letzten Kapiteln das Licht sowohl als Teilchen- als auch als Welle kennengelernt. Besonders im Teilgebiet der Optik ist die Wellenbeschreibung des Lichtes sehr erfolgreich. Für die Erklärung einiger Beobachtungen (Photoeffekt, Compton-Effekt) war es jedoch nötig, dem Licht Teilcheneigenschaften zuzuordnen um die Experimente erklären zu können. Diese Teilcheneigenschaften wiederum hängen von typischen Welleneigenschaften wie Frequenz oder Wellenlänge ab. Dieser sogenannte Welle-Teilchen-Dualismus ist ein übliches Narrativ, wenn man in der Schule die Natur des Lichts untersucht. Licht ist demnach also nicht Welle oder Teilchen, sondern sowohl Welle als auch Teilchen. Auch begründet durch die Unbestimmtheitsrelation kann man nie „alles" über ein Teilchen wissen, sondern beobachtet immer nur die Manifestation einer bestimmten Eigenschaft. Es sollte aber bei der Nutzung dieses Konzeptes nicht die Vorstellung übertragen werden, das man sich hier in einem undefinierbaren Gebiet bewegt und es hier eine Unvollständigkeit gibt. Vielmehr ist diese Kontroverse seit mehreren Jahrzehnten – seit Entdeckung der Quantenfeldtheorie – ausgeräumt. Demnach ist das Photon ein Austauschteilchen der elektromagnetischen Wechselwirkung und genau wie das Elektron ein Quantenobjekt – man kommt also ganz ohne Begriffe wie Welle oder Teilchen aus. Die Quantenelektrodynamik selbst ist eine Feldtheorie jenseits der Möglichkeiten der Schulmathematik und oft auch des Universitätsstudiums. Um sich der Quantenphysik aber dennoch zu nähern, bietet es sich an, im Rahmen des Physikunterrichtes und auch an der Universität auf dieses Konzept des Dualismus zurückzugreifen.

Quantenphysik

Inhaltsverzeichnis

4.1 Bohrsches Atommodell – 72

4.2 Schrödingergleichung – 77

4.3 Das Wasserstoffatom – 87

4.4 Zusammenfassung: Wasserstoff – 100

4.5 Exotisches zur Quantenphysik – 101

© Der/die Autor(en), exklusiv lizenziert an Springer-Verlag GmbH, DE, ein Teil von Springer Nature 2025
M. Himpel, *Relativität und Quantenphysik für das Lehramt Physik*,
https://doi.org/10.1007/978-3-662-70815-6_4

> Wenn dich die Quantenmechanik nicht grundsätzlich geschockt hat, hast du sie noch nicht richtig verstanden. (*Niels Bohr*)

Im vorherigen Kapitel wurden die Grundlagen für die moderne Beschreibung der Atome gelegt. Es fanden sich experimentelle Ergebnisse, die Teilchen einen Wellencharakter zuordnen. Ebenso zeigte sich, dass elektromagnetische Wellen auch Teilcheneigenschaften besitzen. Aus den gesammelten Erkenntnissen werden wir nun ein quantenphysikalisches Atommodell entwickeln. Dies erweitert die aktuell in der Gesellschaft allgemein verbreitete Vorstellung, die noch dem Rutherfordschen Atommodell entspringt: Ein Elektron (Teilchen!) kreist dabei um einen kleinen aber massereichen Atomkern (auch ein Teilchen!). Das modernere Modell wird auf Wellenfunktionen für die Elektronen und deren Aufenthaltswahrscheinlichkeiten gegründet.

4.1 Bohrsches Atommodell

Im Jahr 1913 veröffentlichte Nils Bohr sein „Planetenmodell des Atoms", für das er 1922 den Nobelpreis erhielt. Das Modell war das Ergebnis seiner Bemühungen, die Energieniveaus der Elektronen zu verstehen. Dabei war der Ausgangspunkt das Modell von Rutherford. Wenn ein Elektron als Teilchen um den Atomkern kreist, muss sich die Zentrifugalkraft gerade mit der Coulomb-Anziehung ausgleichen und es muss gelten

$$F_Z = F_C \tag{4.1}$$

$$-\frac{m_e v^2}{r} = -\frac{1}{4\pi\epsilon_0}\frac{Z \cdot e^2}{r^2} \tag{4.2}$$

$$r = \frac{Z \cdot e^2}{4\pi\epsilon_0 m_e v^2} \tag{4.3}$$

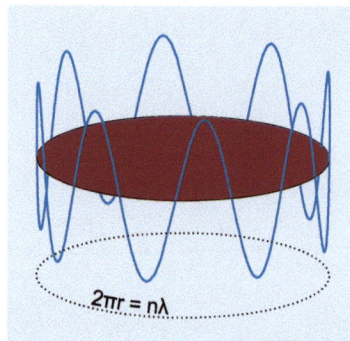

□ **Abb. 4.1** Zum Bohrschen Atommodell: Der Bahnumfang muss das Vielfache der de-Broglie-Wellenlänge des Elektrons sein

Problematisch beim Ausdruck für den Radius ist nun, dass dieser gemäß Wahl von v beliebige kontinuierliche Werte annehmen könnte. Die Beobachtungen der Atomspektren zeigten aber, dass Elektronen immer nur diskrete Energien zu haben scheinen. Die neue Idee von Bohr war es nun, das Elektron durch eine Materiewelle mit der de Broglie-Wellenlänge zu beschreiben. Diese soll dann eine stehende Welle sein, deren vielfache Wellenlänge $n \cdot \lambda_D$ genau dem Bahnumfang $2\pi r$ entsprechen muss, wie dies in Abb. 4.1 skizziert ist. Diese Annahmen

$$\lambda_D = \frac{h}{m \cdot v}$$
$$\rightarrow v = \frac{h}{m \cdot \lambda_D}$$
$$2\pi r = n \cdot \lambda_D \qquad ; n = 1, 2, 3, \ldots$$

kann man nun in Gl. 4.3 einsetzen und erhält

> **Bohrscher Radius**

$$r_n = \frac{n^2 h^2 \epsilon_0}{\pi m_e \cdot Z e^2} = \frac{n^2}{Z} a_0 \tag{4.4}$$

$$a_0 = \frac{h^2 \epsilon_0}{\pi m_e \cdot e^2} = 5{,}2917 \cdot 10^{-11}\,\text{m} \tag{4.5}$$

4.1 · Bohrsches Atommodell

wobei a_0 als erster Bohrscher Radius bezeichnet wird. Die möglichen Radien der Umlaufbahn sind nun nach Gl. 4.4 nicht mehr kontinuierlich, sondern können abhängig von der Wahl für n nur noch diskrete Werte annehmen. Das Wasserstoffatom besteht aus einem Elektron sowie einer positiven Kernladung ($Z = 1$). Für den niedrigsten energetischen Zustand ($n = 1$) folgt also, dass der Bahnradius des Elektrons

$$r_1 = \frac{n^2}{Z} a_0 = \frac{1}{1} a_0 = a_0$$

genau dem Bohrschen Radius entspricht. Mit der nun eingeführten Quantelung des Bahnradius bzw. der Bahngeschwindigkeit, folgt direkt auch die Quantelung der Energie des Elektrons. Diese setzt sich zusammen aus der kinetischen und der potentiellen Energie E_pot im Coulombfeld des Kerns. Die potentielle Energie E_pot entspricht der bekannten Energie für ein Punktladungsfeld

$$E_\text{pot} = -\frac{Ze^2}{4\pi\epsilon_0 r}$$

und die kinetische Energie lässt sich aus Gl. 4.2 herleiten:

$$-\frac{m_e v^2}{r} = -\frac{1}{4\pi\epsilon_0} \frac{Z \cdot e^2}{r^2} \qquad | \cdot r \cdot \frac{1}{2}$$

$$\frac{m_e v^2}{2} = \frac{1}{2} \frac{1}{4\pi\epsilon_0} \frac{Z \cdot e^2}{r}$$

$$E_\text{kin} = \frac{1}{2} |E_\text{pot}|$$

Die Gesamtenergie E des Elektrons beträgt dann also

> **Energie im Bohrschen Atommodell**

$$E_n = E_\text{kin} + E_\text{pot} = \frac{1}{2} \frac{Ze^2}{4\pi\epsilon_0 r_n} - \frac{Ze^2}{4\pi\epsilon_0 r_n} = -\frac{m_e e^2 \cdot Z^2}{8\epsilon_0^2 h^2 n^2} = -Ry^* \cdot \frac{Z^2}{n^2} \quad (4.6)$$

mit der Rydberg-Konstanten $Ry^* \approx 13{,}6\,\text{eV}$. Diese Energie entspricht gerade der Energie, die nötig ist um das Elektron (im Grundzustand) vom Atomkern des Wasserstoffes vollständig zu lösen. Weil dabei ein Ion entsteht, nennt man diesen Vorgang auch Ionisierung bzw. E_n auch die Ionisierungsenergie.

4.1.1 Quantisierung des Drehimpulses

Dadurch, dass die Bahnradien durch die diskreten erlaubten Wellenlängen eingeschränkt wurden, sind auch nicht mehr alle Drehimpulse für das Elektron auf seiner Bahn erlaubt. Aus der Geschwindigkeit v_n

$$v_n = n \cdot \frac{h}{2\pi m_e r_n}$$

kann man durch Umstellen und Erweitern

> **Quantisierter Bahndrehimpuls**

$$m_e \cdot r \cdot v_n = |l| = n \cdot \hbar \qquad (4.7)$$

auch einen Ausdruck für den Drehimpuls herleiten. Diese Formulierung der Quantisierung ist equivalent zu der Aussage $2\pi r = n \cdot \lambda_D$ aus dem vorigen Abschnitt. Wenn später noch auf Mehrelektronensysteme eingegangen wird, dann bekommt der Bahndrehimpuls noch eine wichtige Bedeutung. Weil der Drehimpuls genau wie in der klassischen Kinematik eine Erhaltungsgröße ist, lassen sich viele Problemstellungen angenehmer mit dem Drehimpuls beschreiben als etwa mit der Bahngeschwindigkeit oder dem Bahnradius.

4.1.2 Atomspektren

Die mit dem Bohr'schen Atommodell hergeleiteten diskreten Energien der gebundenen Elektronen kann man direkt mit Experimenten beobachten. Schon 1859 entdeckten Kirchhoff und Bunsen, dass Atome/Gase nur Licht mit bestimmen Wellenlängen absorbieren oder emittieren können. Ein Versuchsaufbau zur Absorption von Licht ist in Abb. 4.3 oben gezeigt. Eine Lichtquelle erzeugt Licht mit einem kontinuierlichen Spektrum. Dieses Licht wird durch einen Behälter mit atomarem Gas gelenkt. Dort kann dann das Licht möglicherweise mit den Gasatomen interagieren und ggf. absorbiert werden. Das wieder austretende Licht wird dann von einem Spektrometer oder per Photoplatte wie in Abb. 4.2 analysiert. Im Spektrum von Abb. 4.3 (unten rechts) sieht man, dass offenbar nur bestimmte Wellenlängen von der Lichtquelle emittiert wurden. Der größte Teil des Spektrums bleibt schwarz. Ein solches Linienspektrum ist charakteristisch für Atome die als Gas bzw. in verdampfter Form vorliegen. Das ist eine direkte Folge der diskreten, manchmal aber vielfältigen, Energiezustände in der Atomhülle. Die Eigenschaften von Atomspektren lassen sich in vereinfachter Form zusammenfassen als:

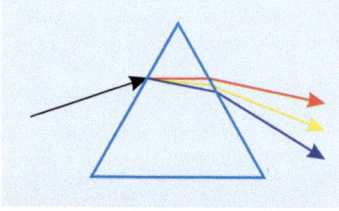

◻ **Abb. 4.2** Spektrometer: Man zerlegt das Licht mit einem Kristall/Prisma in seine Bestandteile und lenkt das Ergebnis auf eine Photoplatte um

> **Eigenschaften von Atomspektren**
> − Absorbierte Wellenlängen können auch als Emission auftreten.
> − Die Emissions-/Absorptionsspektren sind für jedes Atom charakteristisch und eindeutig.
> − Spektrallinien sind nicht beliebig scharf, sondern haben eine „natürliche Linienbreite".

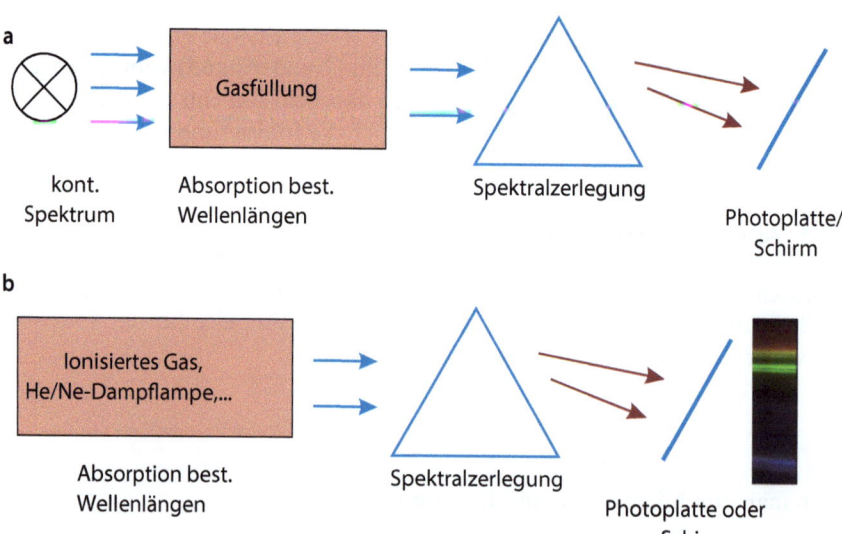

◻ **Abb. 4.3** (a) schematischer Versuchsaufbau für ein Absorptionsspektrum. (b) schematischer Aufbau für Emission eines Linienspektrums. Rechts ist das Emissionsspektrum einer Quecksilber-Dampflampe gezeigt

4.1 · Bohrsches Atommodell

Für die Linien in Atomspektren sind nicht nur die Energien E_n nach Gl. 4.6 zuständig, sondern auch die möglichen Niveausprünge von E_k zu E_i. Die Energielücke

$$\Delta E = E_k - E_i = h \cdot \nu$$

entspricht dann genau der möglichen Absorptions-/Emissionslinie des Atoms. Die Differenz wird nun in Form eines Photons freigesetzt. Mit Gl. 4.6 wird diese Differenz zu

> **Übergänge in der Elektronenhülle (Wasserstoff)**

$$\nu = \frac{Ry^*}{h} \cdot Z^2 \left(\frac{1}{n_i^2} - \frac{1}{n_k^2} \right)$$

Man bezeichnet nun die Energiedifferenzen mit festen Ausgangsniveaus k als eine „Serie". Am einfachsten zu beobachten sind hier die sogenannte Lyman-Serie für $k = 1$ (($E_1 - E_i$)) und die Balmer-Serie für $k = 2$ ($E_2 - E_i$), die beispielhaft in Abb. 4.4 gezeigt sind.

> ▶ **Beispiel 4.1**
>
> Auf Abschn. 5.2.6 wird ein Demonstrationsversuch zur Beobachtung eines Linienspektrums beschrieben. ◀

Damit ergibt sich nun insgesamt schon ein befriedigendes Gebäude von Modellen und Experimenten. Das Atomspektrum von Wasserstoff ist zunächst hinreichend gut verstanden und kann auch berechnet werden. Es gibt aber noch ein bisher ignoriertes Problem beim Bohrschen Atommodell: Wie wir bereits bei der Röntgenstrahlung anerkannt haben, senden beschleunigte Ladungen elektromagnetische Wellen aus. Ein Elektron, dass sich also auf einer Bahn um den Atomkern befindet (sog. semi-Klassisches Modell), müsste ständig Energie verlieren und schließlich in den Kern stürzen. Dennoch ist das Bohrsche Modell, dass dieses Problem schlicht ignoriert, sehr erfolgreich in der Beschreibung der Experimente. Es bleibt also die Frage: Warum gibt es überhaupt stabile Atome und warum ist das Bohrsche Atommodell so erfolgreich?

4.1.3 Stabilität der Atome

Wir können die Frage nach stabilen Atomen durch Beschreibung des Elektrons mit der Wellenfunktion beantworten. Wir nehmen zunächst an, dass der mittlere Radius des Wasserstoffatoms, inklusive Elektronenhülle, r sei. Dann muss also die Ortsunsicherheit $\Delta r \leq a$ sein, denn irgendwo im Bereich der Hülle muss sich das Elektron schließlich aufhalten. Nach der Unbestimmtheitsrelation folgt daraus die Unschärfe des Impulses mit $\Delta p_r \geq \frac{\hbar}{a}$. Nun können wir noch folgendes annehmen: Der Impuls p_r selbst muss also ebenfalls größer als $p_r \geq \frac{\hbar}{a}$ sein, denn sonst würde der Impuls ja genauer bekannt sein als seine Unsicherheit es erlaubt. Für die kinetische Energie folgt dann

$$E_{\text{kin}} = \frac{p^2}{2m_e} \geq \frac{(\Delta p)^2}{2m_e} \geq \frac{\hbar^2}{2m_e a^2}.$$

Die Gesamtenergie ist dann

$$E = E_{\text{kin}} + E_{\text{pot}} \geq \frac{\hbar^2}{2m_e a^2} - \frac{e^2}{4\pi \epsilon_0 a}.$$

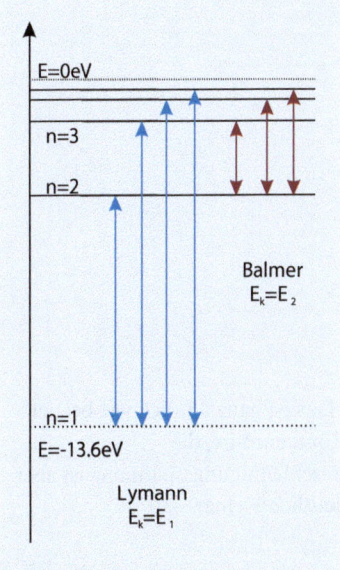

Abb. 4.4 Verschiedene mögliche Übergänge in den Zuständen des Wasserstoffatoms

Diese Funktion $E(a)$ nimmt für einen bestimmten Wert einen minimalen Wert an. Dieses Extremwertproblem kann man durch

$$\frac{dE}{da} = \frac{-2\hbar^2}{2m_e a^3} + \frac{e^2}{4\pi\epsilon_0 a^2} = 0$$

beschreiben. Diese Gleichung wird für den minimalen Atomradius

$$a_{\min} = \frac{4\pi\epsilon_0}{e^2} \cdot \frac{\hbar^2}{m_e} = \frac{\epsilon_0 h^2}{\pi m_e e^2} = a_0$$

erfüllt. Dabei ist $a_{\min} = a_0$ genau der Bohrsche Radius. Dort befindet sich das Elektron also in einem Energieminimum. Wenn es weiter Energie verlieren würde, würde die Bilanz der Unbestimmtheitsrelation zu einer ungünstigeren Energie führen.

4.1.4 Franck-Hertz-Versuch

Der Franck-Hertz Versuch von 1914 ist nun auch der experimentelle Beweis, dass die Quantelung der Elektronenenergie bei Stoßprozessen eine enorme Bedeutung hat. Das Experiment kann man aus heutiger Sicht als Bestätigung des Bohrschen Atommodells auffassen. Ursprüngliche Idee des Experimentes war es, die Ionisationsenergie der Quecksilberatome zu bestimmen. Dementsprechend wurden die Versuchsergebnisse von Franck und Hertz auch zunächst falsch interpretiert, weil ihnen das Bohrsche Atommodell zu der Zeit nicht bekannt war.

Der Versuch wurde von James Franck und Gustav Hertz durchgeführt und 1925 wurde ihnen dafür der Nobelpreis verliehen. Der Versuchsaufbau, im Original mit Quecksilberdampf, ist in Abb. 4.5a skizziert. Es handelt sich um eine Elektronenröhre, die bei geringem Druck von $p \approx 1$ Pa mit Quecksilberdampf gefüllt ist. Die Glühkathode erzeugt bei angelegter Spannung eine Elektronenwolke im näheren Raumbereich. Zwischen der Kathode und einem Gitter kann man eine variable Spannung U_e anlegen und so die Elektronen in Richtung des Gitters bis auf die Energie $e \cdot U$ beschleunigen[1]. Außerdem liegt noch eine zweite Spannung U_B zwischen der dem Gitter einer letzten Elektrode an. Diese Spannung wird gewissermaßen als Filter benutzt und stößt Elektronen

[1] Das ist ganz ähnlich wie bei der Röntgenröhre, die Beschleunigungsspannung ist aber deutlich kleiner.

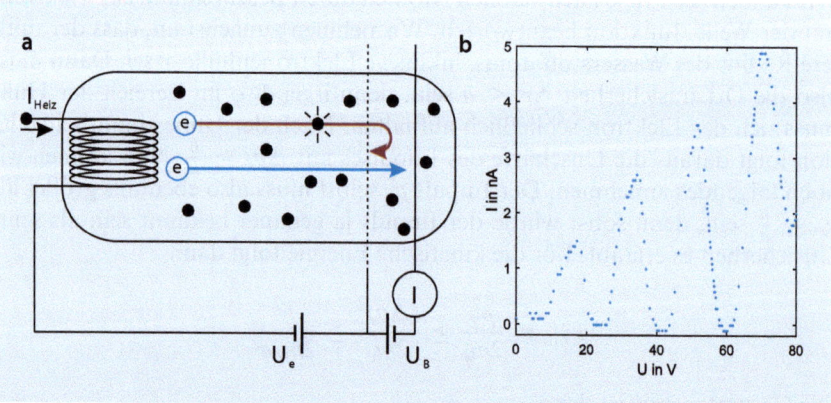

◻ **Abb. 4.5** **a)** Schematischer Aufbau des Franck-Hertz-Versuches. Elektronen werden in einer Röhre mit Hg oder Ne-Dampf beschleunigt. Wenn die Elektronen die Anode erreichen, wird ein Strom gemessen. **b)** Gemessener Anodenstrom abhängig von der Beschleunigungsspannung im PHYWE-Demonstrationsversuch mit Neon. [42]

durch eine Gegenspannung mit einer Energie $E_{kin} < e \cdot \Delta U$ wieder zurück. Das Experiment läuft nun ab, indem die Spannung langsam kontinuierlich erhöht wird und man ständig den Anodenstrom misst. Daraus ergeben sich dann die Messpunkte, die in Abb. 4.5b gezeigt sind. Man sieht, dass der Anodenstrom in regelmäßigen Abständen zusammenbricht. Bei einem Versuch mit Quecksilber ist das jeweils alle 4,9 V der Fall, beim Demonstrationsversuch mit Neon sinkt der Strom etwa alle 19 V ab. Die Erklärung werden wir nun im Folgenden beschreiben. Die inelastischen Stöße der Elektronen mit den Hg-Atomen kann man in der Form

$$e^- + \text{Hg} \rightarrow \text{Hg}^*(E_a) + e^- - \underbrace{\Delta E_{kin}}_{\approx E_a}$$

darstellen. Es treten natürlich auch elastische Stöße auf. Der Einfluss auf E_{kin} ist aber durch den großen Massenunterschied der Stoßpartner zu vernachlässigen. Klassisch müsste man erwarten, dass beliebige Energieportionen E_a bei den Stößen aufgenommen werden – bis hin zur Ionisationsgrenze. Die Messung zeigt aber, dass offenbar immer schon weit vor der Ionisationsenergie von Quecksilber ($E^*_{\text{Hg}} = 11,4 \, \text{eV}$) die Elektronen bei dem Erreichen von 4,9 eV ihre Energie abgeben. Wenn die Beschleunigungsspannung die Elektronen nur auf < 4,9 eV beschleunigt, finden keine inelastischen Stöße statt. Wenn die Elektronen bei höheren Spannungen die Möglichkeit haben, nach einem Stoß (mit Verlust von $E_a = 4,9 \, \text{eV}$) erneut die nötige Energie für einen weiteren Stoß aufzunehmen, dann sinkt der Anodenstrom erneut usw. Dieses Experiment zeigt also:

> **Franck-Hertz Versuch**
> Atome können ihre Energie nur in bestimmten diskreten Energiequanten aufnehmen.

Nach dem in der Röhre die Hg-Atome angeregt wurden, wird durch die folgenden Abregungsprozesse wieder ein Photon emittiert gemäß

$$\text{Hg}^* \rightarrow \text{Hg} + h \cdot \nu$$

Wenn man den Versuch mit Quecksilberdampf, wie im Original, durchführt, entsteht bei den Stößen ein Photon mit der Energie 4,9 eV und der Wellenlänge $\lambda = 253 \, \text{nm}$. Diese liegt leider im unsichtbaren UV-Bereich. Für Schulen gibt es aber auch Demonstrationsexperimente die mit Neon als Füllgas arbeiten. Dabei findet (über Umwege) auch ein Abregungsprozess statt, der Photonen mit $\lambda = 500 \, \text{nm}$ erzeugt. Dies ist dann als ein leuchtender Bereich in der Röhre sichtbar. Beim Erhöhen den Beschleunigungsspannung kann man dann auch einen zweiten und dritten Stoßbereich an der Leuchterscheinung erkennen. Leider passen in dieser Variante die Wellenlängen der Emission nicht zum Spannungsabfall bei $\Delta U \approx 19 \, \text{V}$, da die Emission über Umwege erfolgt.

▶ **Beispiel 4.2**

Auf Abschn. 5.2.7 wird der Franck-Hertz-Versuch als Demonstrationsexperiment beschrieben. ◀

4.2 Schrödingergleichung

Die Indizien und Beweise für die Quantennatur der Materie und des Lichtes sind mittlerweile unwiderlegbar. Nur fehlt bis dato noch ein Mittel, um mit den als Wellenfunktion beschriebenen Teilchen auch tatsächlich Prozesse (Bewegung, Beugung, usw.) zu beschreiben. Für die klassische Physik mit Massepunkten und starren Körpern findet man diese Beschreibung durch die Newtonsche Bewegungsgleichung $\sum F = \frac{dp}{dt}$. Das Äquivalent in der Quantenphysik wird Schrödingergleichung (kurz: SGL) genannt. Diese 1926 von Erwin Schrödinger postulierte Gleichung beschreibt statt einer Bahnkurve $\mathbf{r}(t)$ die zeitliche und räumliche Entwicklung einer Wellenfunktion $\psi(x, y, z, t)$. Wir erinnern uns, dass diese Wellenfunktion die allgemeine Form

$$\psi(x, t) = A \cdot e^{i(kx - \omega t)} = A \cdot e^{\frac{i}{\hbar}(px - E_{\text{kin}} t)}$$

haben kann. (Zur Vereinfachung der Rechnung lassen wir hier die Formulierung als Wellenpaket kurz beiseite.) Zunächst wollen wir die Annahme treffen, dass die Wellenfunktion „stationär" ist. Das bedeutet, die Wellenfunktion ψ besteht aus einem ortsabhängigen und einem zeitabhängigem Teil, die beide voneinander trennbar sind. Wir nehmen also damit an, dass man im eindimensionalen Fall $\psi(x, t)$ auch als $\psi_1(x) \cdot \psi_2(t)$ schreiben kann. Die ebene Welle

$$\psi(x, t) = e^{i(kx - \omega t)}$$

kann man auch in diesem Sinne zerlegen. Durch Anwendung der Exponentialregeln folgt:

$$\psi(x, t) = e^{i(kx - \omega t)} = e^{ikx + (-i\omega t)} = e^{ikx} \cdot e^{-i\omega t} = \psi(x) \cdot e^{-i\omega t}$$

Wenn man das in die allgemeine Wellengleichung mit der Ausbreitungsgeschwindigkeit u

$$\frac{\partial^2 \psi}{\partial x^2} = \frac{1}{u^2} \frac{\partial^2 \psi}{\partial t^2}$$

einsetzt, folgt

$$\frac{\partial^2 (\psi(x) \cdot \psi(t))}{\partial x^2} = -k^2 \psi(x) \cdot \psi(t) = -\frac{p^2}{\hbar^2} \psi(x) \cdot \psi(t) = -\frac{2m}{\hbar^2} E_{\text{kin}} \psi(x) \cdot \psi(t) \tag{4.8}$$

für die 2-fache partielle Ableitung nach x. Der Impuls wurde hier durch die Kombination von $E_{\text{kin}} = \frac{p^2}{2m}$ und $p = \hbar k$ ersetzt. Der Zeitanteil ist wegen der geforderten partiellen Ableitung als konstant zu behandeln und bleibt unverändert. Analog folgt für die 2-fache partielle Zeitableitung

$$\frac{\partial^2 (\psi(x) \cdot \psi(t))}{\partial t^2} = \psi(x) \cdot \frac{\partial^2 (e^{-i\omega t})}{\partial t^2} = -\omega^2 \psi(x) \cdot \psi(t).$$

Die Gesamtenergie des Teilchens setzt sich zusammen aus der potentiellen Energie E_{pot} und der kinetischen Energie aus Gl. 4.8. Damit wird Gl. 4.8 nach Einsetzen von $E_{\text{kin}} = E - E_{\text{pot}}$ zu

$$\cancel{\psi(t)} \cdot \frac{\partial^2 \psi(x)}{\partial x^2} = -\frac{2m}{\hbar^2} (E - E_{\text{pot}}) \psi(x) \cdot \cancel{\psi(t)}$$

und damit zur stationären Schrödingergleichung:

> **Stationäre Schrödingergleichung**

$$-\frac{\hbar^2}{2m} \frac{\partial^2 \psi}{\partial x^2} + E_{\text{pot}} \psi = E \psi \tag{4.9}$$

Anmerkung: Hier wurde stets nur ein eindimensionales Problem der Koordinate x behandelt. Die Gleichung gilt natürlich auch für eine dreidimensionale Wellen-

4.2 · Schrödingergleichung

funktion, wenn man statt der partiellen Ableitung nach x den Differentialoperator $\nabla \cdot \nabla = \Delta = \left(\frac{\partial}{\partial x}, \frac{\partial}{\partial y}, \frac{\partial}{\partial z}\right)$ verwendet.

Etwas komplizierter wird es, wenn wir auch die zeitliche Entwicklung der Wellenfunktion betrachten wollen. Dazu bilden wir zunächst die erste partielle Zeitableitung der Wellenfunktion:

$$\frac{\partial \psi}{\partial t} = \frac{\partial}{\partial t}\left(e^{ikx} \cdot e^{-i\omega t}\right) = -i\omega\psi = -i\frac{E}{\hbar}\psi \qquad (4.10)$$

Mit $i^{-1} = -i$ kann man dies Umstellen, um einen Ausdruck für $E\psi$ zu erhalten:

$$E\psi = i\hbar\frac{\partial \psi}{\partial t} \qquad (4.11)$$

Ziel ist es nun, diesen zeitabhängigen Ausdruck mit der stationären Schrödingergleichung 4.9 zu verbinden. Wir setzen dafür im potentialfreien Fall ($E_{\text{pot}} = 0$) einfach Gl. 4.11 in Gl. 4.9 ein und erhalten

$$-\frac{\hbar^2}{2m}\frac{\partial^2 \psi}{\partial x^2} + 0 = E\psi = i\hbar\frac{\partial \psi}{\partial t},$$

was auch zeitabhängige potentialfreie (für ein freies Teilchen) Schrödingergleichung genannt wird:

> **Zeitabhängige Schrödingergleichung für $E_{\text{pot}} = 0$**
>
> $$-\frac{\hbar^2}{2m}\frac{\partial^2 \psi}{\partial x^2} = i\hbar\frac{\partial \psi}{\partial t} \qquad (4.12)$$

Was aber ist zu tun, wenn wir eine zeitabhängige Schrödingergleichung mit potentieller Energie betrachten? Für diesen Fall gibt es tatsächlich keine Herleitung. In Gl. 4.10 haben wir vorausgesetzt, dass die Energie konstant ist und damit auch ω konstant ist. Die Ableitung müsste also unter Einfluss eines Potentials komplizierter werden. Erwin Schrödinger hat dennoch die Kombination der stationären und der potentialfreien SGL wie folgt postuliert:

> **Zeitabhängige Schrödingergleichung**
>
> $$-\frac{\hbar^2}{2m}\frac{\partial^2 \psi}{\partial x^2} + E_{\text{pot}}\psi = i\hbar\frac{\partial \psi}{\partial t} \qquad (4.13)$$

Diese Gleichung ist die bis heute experimentell bestätigte Grundgleichung der Quantenmechanik. Obwohl ohne explizite Herleitung, gibt es bisher keinen Anhaltspunkt gegen dieses Postulat. Sie liefert das Gegenstück der Quantenmechanik zur Newtonschen Bewegungsgleichung in der klassischen Physik. Außerdem kann man die Schrödingergleichung auch als äquivalent zum klassischen Energiesatz auffassen, indem die einzelnen Teile mit der kinetischen bzw. der Gesamtenergie assoziiert werden:

$$\underbrace{-\frac{\hbar^2}{2m}\frac{\partial^2 \psi}{\partial x^2}}_{E_{\text{kin}}\psi} + \underbrace{E_{\text{pot}}\psi}_{E_{\text{pot}}\psi} = \underbrace{i\hbar\frac{\partial \psi}{\partial t}}_{E\psi}$$

Bevor nun verschiedene grundlegende Anwendungen der Schrödingergleichung gezeigt werden, soll noch einmal zusammengefasst werden, womit man es hier eigentlich zu tun hat. In der klassischen Physik gilt das Prinzip des Determinismus. Wenn man Impuls und Ort eines Teilchens sowie die darauf wirkenden Kräfte kennt, kann man für alle Zeiten den Ablauf dessen Bewegung vorausberechnen – analytisch oder ggf. numerisch mit beliebiger Genauigkeit. Dieses Prinzip des Determinismus hat nun die Quantenphysik hinter sich gelassen. Die Bahn **r**(*t*) kann man nur noch innerhalb der Grenzen der Unschärferelation betrachten. Man kann nur noch Wahrscheinlichkeiten angeben, bei denen ein Teilchen zu einer Zeit zu finden ist. Zusätzlich beeinflusst die Kenntnis (also die Messung) des Ortes die Unschärfe selbst. Wir haben es also tatsächlich mit einer neuen Art von Physik zu tun, die nicht umsonst als „Quantenphysik" von der „klassischen Physik" abgegrenzt wird.

4.2.1 Teilchen im Kastenpotential I

Als Beispiel für die Einführung in die Verwendung der SGL wird oft das Kastenpotential verwendet. Wir betrachten hierbei eine Wellenfunktion $\psi(x)$ ohne Zeitabhängigkeit im Potential der Form

$$E_{\text{pot}}(x) = \begin{cases} \infty, & \forall\, x < 0 \\ 0, & \forall\, 0 < x < a \\ \infty, & \forall\, x > a \end{cases}$$

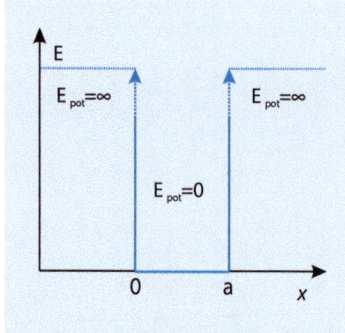

Abb. 4.6 Potentialkasten von $x = 0$ bis $x = a$. Die Wände des Potentialkastens sind „unendlich hoch"

wie es auch in Abb. 4.6 skizziert ist. Weil die potentielle Energie außerhalb des Potentials unendlich groß ist, können wir problemlos voraussetzen, dass die Wellenfunktion dort nicht vorhanden sein darf ($\psi(\text{x} < 0$ und $\text{x} > \text{a}) = 0$). Wir werden nun erstmalig die Schrödingergleichung zur Beschreibung eines Systems verwenden. In diesem Kurs werden wir uns zunächst auf die stationäre Schrödingergleichung beschränken. Diese wird vornehmlich benutzt werden um zulässige Wellenfunktionen zu finden. Außerdem kann man die Energieniveaus dieser Wellenfunktionen berechnen. Das wollen wir für dieses Beispiel des Potentialtopfes nun sehr detailliert tun.

Die stationäre Schrödingergleichung (Gl. 4.9) lautet:

$$-\frac{\hbar^2}{2m}\frac{\partial^2 \psi}{\partial x^2} + E_{\text{pot}}\psi = E\psi$$

Zunächst formen wir die SGL um für den inneren Bereich des Kastens, wo die potentielle Energie Null ist:

$$-\frac{\hbar^2}{2m}\frac{\partial^2 \psi}{\partial x^2} = E\psi \qquad \Big|\cdot \frac{2m}{\hbar^2} \qquad (4.14)$$

$$-\frac{\partial^2 \psi}{\partial x^2} = \frac{2m}{\hbar^2}E\psi \qquad \Big| k^2 = \frac{2mE}{\hbar^2} \qquad (4.15)$$

$$0 = k^2\psi + \frac{\partial^2 \psi}{\partial x^2} \qquad (4.16)$$

Hier sieht man jetzt eine ganz normale Differentialgleichung, wie man sie schon aus der Mechanik von Schwingungen kennt. Die Lösung sollte einfach durch eine Wellengleichung möglich sein. Wir wählen

$$\psi(x) = A \cdot \sin(kx) + B \cdot \cos(kx)$$

als Ansatz, womit ganz allgemein alle möglichen Schwingungen eingeschlossen sind. Durch die Kombination von Sinus und Cosinus kann man über Additionstheoreme auch Phasenverschiebungen usw. mit abdecken. Als nächstes muss man den Ansatz noch für das gegebene Problem „zuschneiden" – also

4.2 · Schrödingergleichung

alle Randbedingungen berücksichtigen. Die gesuchte Wellenfunktion soll außerhalb des Bereiches $0 < x < a$ verschwinden. Damit die Wellenfunktion auch stetig in diese Bereiche übergeht, muss also auch an diesen Punkten selbst die Wellenfunktion $= 0$ sein:

$$\psi(0) = 0 \quad \rightarrow \quad \psi(0) = A \cdot \sin(0) + B \cdot \cos(0) = B \cdot 1$$

Dies ist nur zu erfüllen, wenn der Koeffizient $B = 0$ ist. Das heißt, den Kosinus-Term können wir aus der Lösung schon streichen weil er nicht den Randbedingungen genügen würde. Außerdem muss gelten:

$$\psi(a) = 0 \quad \rightarrow \quad \psi(a) = A \cdot \sin(k \cdot a) = 0$$

Da der Sinus immer bei ganzzahligen Vielfachen von π verschwindet, muss nun also das k entsprechend für die Lösung dieser Gleichung sorgen. Das funktioniert nur, wenn $k \cdot a = \pi \cdot n$ ist. Dabei ist n eine natürliche Zahl größer oder gleich 1. Das führt zu

$$k_n = \frac{\pi}{a} \cdot n \quad ; n = 1, 2, 3, \ldots.$$

Nun fehlt für die Nutzung der Wahrscheinlichkeitsinterpretation noch die Normierung der Wellenfunktion. Die ergibt sich aus der Forderung

$$1 = \int_0^a |A \cdot \sin\left(\frac{\pi}{a} \cdot nx\right)|^2 dx = A^2 \cdot \int_0^a \sin^2\left(\frac{\pi}{a} \cdot nx\right) dx$$

$$= A^2 \left[\frac{x}{2} - \frac{\sin(2\pi nx/a)}{4\pi n/a}\right]_0^a$$

$$= A^2 \left(\left[\frac{a}{2} - \frac{\sin(2\pi na/a)}{4\pi n/a}\right] - \left[0 - \frac{\sin(0)}{4\pi n/a}\right]\right) = A^2 \frac{a}{2}$$

$$\rightarrow A = \sqrt{\frac{2}{a}},$$

für die die passende Stammfunktion zu $\sin^2(C \cdot x)$ in einem Tabellenwerk nachgeschlagen werden kann [36]. Nun setzen wir die passende (also den Randbedingungen genügende) Funktion

$$\psi(x) = \sqrt{\frac{2}{a}} \cdot \sin\left(\frac{\pi}{a} \cdot nx\right) \quad (4.17)$$

in die Schrödingergleichung 4.14 ein um die korrespondierenden Energien zu finden. Das führt zu:

$$-\frac{\hbar^2}{2m} \frac{\partial^2 \left(\sqrt{\frac{2}{a}} \cdot \sin\left(\frac{\pi}{a} \cdot nx\right)\right)}{\partial x^2} = E \cdot \sqrt{\frac{2}{a}} \cdot \sin\left(\frac{\pi}{a} \cdot nx\right) \quad (4.18)$$

$$-\frac{\hbar^2}{2m} (-1) \cdot \sqrt{\frac{2}{a}} \cdot \sin\left(\frac{\pi}{a} \cdot nx\right) \cdot \left(\frac{\pi}{a} \cdot n\right)^2 = E \cdot \sqrt{\frac{2}{a}} \cdot \sin\left(\frac{\pi}{a} \cdot nx\right) \quad (4.19)$$

$$\rightarrow E = \left(\frac{\pi}{a} \cdot n\right)^2 \cdot \frac{\hbar^2}{2m} = n^2 \frac{h^2}{8ma^2} = n^2 \cdot E^* \quad (4.20)$$

Die Energie des Teilchens in diesem unendlich hohen Potentialtopf ist also erneut nicht kontinuierlich, sondern kann nur in gequantelten Zuständen

> **Energieniveaus im (unendlich hohen) Potentialtopf**

$$E_n = n^2 \cdot \frac{h^2}{8\,ma^2} = n^2 \cdot E^* \qquad ; n = 1, 2, 3, \ldots$$

vorkommen. Dies deckt sich mit den Ergebnissen, wie sie beim Bohrschen Atommodell erhalten worden sind. Die Wellenfunktionen müssen, gemäß den Randbedingungen, also immer genau zwischen die Barieren passen wie es in Abb. 4.7 skizziert ist. Mit abnehmender Wellenlänge erhöht sich dann entsprechend $E = h \cdot c/\lambda$ die Energie. Der niedrigste Zustand für $n = 1$ wird als Grundzustand bezeichnet.

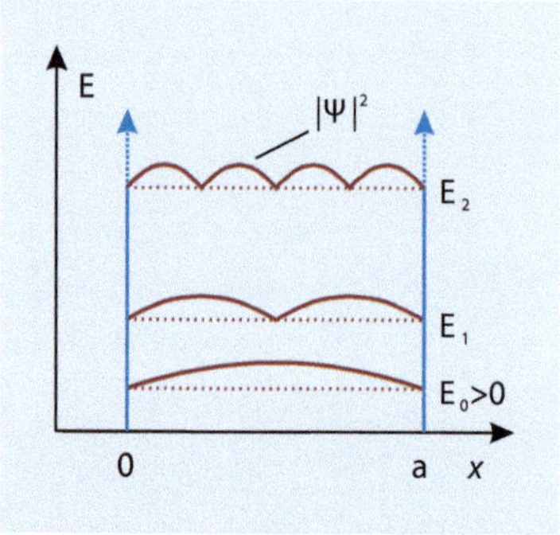

4.2.2 Tunneleffekt

Für das Teilchen im unendlich hohen Potentialtopf haben wir bereits gesehen, wie man die Schrödingergleichung nutzen kann um Aussagen zu einer Problemstellung zu bekommen. Jetzt wollen wir einen komplizierteren Fall untersuchen. Die Ausgangssituation ist in Abb. 4.8 skizziert. Eine Welle (bzw. ein Teilchen) soll mit Wellenlänge $\lambda = \frac{2\pi}{k}$ auf eine Potentialbarriere der Breite a und Höhe E_0 treffen. Die Potentialbarriere ist diesmal also endlich und man kann nicht direkt annehmen, dass die Wellenfunktion dort verschwindet. Um den Tunneleffekt nun genau zu untersuchen und zu beschreiben, müssen wir wieder entsprechende Lösungsansätze für die Schrödingergleichung machen und die geltenden Randbedingungen anwenden. Wir suchen die Wellenfunktionen für die drei Bereiche I, II und III aus Abb. 4.8. Als Ansätze nutzen wir wieder einfache Wellenfunktionen – mit einer leichten Ergänzung. Um maximal flexibel in der Lösung zu sein (die Randbedingungen lassen dann später ggf. Terme wegfallen), lassen wir Lösungen der Form $A \cdot e^{ikx} + B \cdot e^{-ikx}$ zu, was auch reflektierte Wellen erlaubt. Denn: negative k-Werte in der Wellenfunktion bedeuten Ausbreitung entgegengesetzt zu x. Für die drei Bereiche nutzen wir die Ansätze

$$\psi_I = A \cdot e^{ik_I x} + B \cdot e^{-ik_I x}$$
$$\psi_{II} = C \cdot e^{ik_{II} x} + D \cdot e^{-ik_{II} x}$$
$$\psi_{III} = A' \cdot e^{ik_{III} x}$$

wobei für den Teil III keine Reflektion mehr möglich ist, weil ja keine weitere Barriere folgt. Zusätzlich kann man folgende sinnvolle Forderungen stellen, welche die Konstanten dann festlegen:

- Die Wellenfunktionen $\psi_I, \psi_{II}, \psi_{III}$ müssen an den Übergangsstellen 0 und a jeweils den gleichen Wert haben, damit sie nahtlos ineinander übergehen.
  → $\psi_I(0) = \psi_{II}(0)$; $\psi_{II}(a) = \psi_{III}(a)$
- An den Übergangsstellen 0 und a muss der Übergang stetig sein. Das verbietet also etwa einen „Knick" als mögliche Fortsetzung.
  → $\left.\frac{\partial \psi_I}{\partial x}\right|_{x=0} = \left.\frac{\partial \psi_{II}}{\partial x}\right|_{x=0}$; $\left.\frac{\partial \psi_{II}}{\partial x}\right|_{x=a} = \left.\frac{\partial \psi_{III}}{\partial x}\right|_{x=a}$

Wenn man die Ansätze in die stationäre Schrödingergleichung einsetzt und die Randbedingungen anwendet, erhält man ein System von 4 Gleichungen für die Koeffizienten A, B, C, D, A'. Um den Tunneleffekt zu beschreiben sind nun nicht alle Lösungen dieser Gleichungen nötig – es genügt, die Amplituden nach

Abb. 4.7 Mögliche Aufenthaltswahrscheinlichkeiten im Potentialkasten mit unendlich hohen Wänden

4.2 · Schrödingergleichung

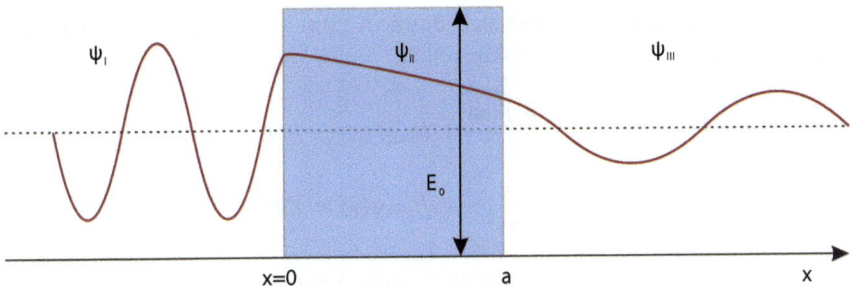

Abb. 4.8 Skizze zum Tunneleffekt. Die Eingangsenergie reicht eigentlich nicht aus, um das Potential zu überwinden. Dennoch gibt es eine Aufenthaltswahrscheinlichkeit auch hinter der Barriere

dem Durchgang $\psi_{III}(x > a)$ mit der einlaufenden Welle $\psi_I(x < 0)$ zu vergleichen. Die sogenannte Transmission T berechnet sich dann gemäß

Quantenmechanischer Tunneleffekt

$$T = \frac{|A'|^2}{|A|^2} \approx \frac{16E}{E_0^2}(E_0 - E) \cdot e^{-2a \cdot \frac{\sqrt{2m(E_0 - E)}}{\hbar}}.$$

Diese Transmissionsrate beschreibt die absolute Wahrscheinlichkeit, dass ein Teilchen mit der Energie E hinter der Potentialbarriere mit $E_{\text{pot}} = E_0$ und Breite a anzutreffen ist. Dieser Wert ist auch größer als 0, obwohl die Potentialbarriere höher als die eigene Energie ist $(E_0 - E) > 0$. Dies ist aus klassischer Sicht nicht möglich und ein typischer Effekt der Quantenphysik. Relevant ist der Tunneleffekt beispielsweise beim Alphazerfall. Dabei verlässt ein Helium-4-Kern (2 Protonen und 2 Neutronen) ein größeren Atomkern. Der Potentialwall aus anziehender Kernwechselwirkung und abstoßender Coulomb-Wechselwirkung ist deutlich höher als die zur Verfügung stehende Energieschwankung im Kern. Wenn es den Tunneleffekt nicht gäbe, müsste ein Alphazerfall deutlich seltener stattfinden und außerdem hätten die freien Alphateilchen größere kinetische Energien. Nur mit der Anwendung des Tunneleffektes kann man die beobachtete Energieverteilung und Zerfallshäufigkeit erklären.

4.2.3 Zweidimensionales Kastenpotential

Als eine wichtige Vorstufe zur Beschreibung des Wasserstoffatoms mit der Schrödingergleichung, wollen wir zunächst noch ein zweidimensionales Kastenpotential wie in Abb. 4.9 gezeigt untersuchen. Es soll sich analog zum eindimensionalen Fall um ein Potential der Form

$$E_{\text{pot}}(x, y) = \begin{cases} 0, & \forall\, 0 < x < a \\ 0, & \forall\, 0 < y < b \\ \infty, & \text{sonst} \end{cases}$$

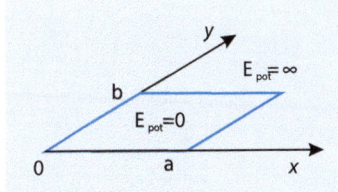

Abb. 4.9 Zweidimensionales Kastenpotential mit unendlich hohen Potentialbarrieren

handeln. Nun muss man einen Lösungsansatz für die stationäre Schrödingergleichung finden. Vereinfacht wird dies durch die Annahme, dass die gesuchte Lösung sich in zwei Faktoren zerlegen lässt gemäß

$$\psi(x, y) = f(x) \cdot g(y).$$

Die Schrödingergleichung lässt sich dann in zwei voneinander unabhängige Gleichungen, jede für eine Variable, teilen:

$$-\frac{\hbar^2}{2m}\frac{\partial^2 f(x)}{\partial x^2} + E_{\text{pot}}f(x) = Ef(x) \quad (4.21)$$

$$-\frac{\hbar^2}{2m}\frac{\partial^2 g(y)}{\partial y^2} + E_{\text{pot}}g(y) = Eg(y) \quad (4.22)$$

Die Lösung für jede dieser Gleichungen kennen wir bereits aus dem eindimensionalen Fall. Sie lauten analog zu Gl. 4.17:

$$f(x) = A \cdot \sin\left(\frac{n_x \pi}{a} \cdot x\right) \qquad n_x = 1, 2, 3, \ldots \quad (4.23)$$

$$g(y) = B \cdot \sin\left(\frac{n_y \pi}{b} \cdot y\right) \qquad n_y = 1, 2, 3, \ldots \quad (4.24)$$

$$\rightarrow \psi(x,y) = A \cdot B \cdot \sin\left(\frac{n_x \pi}{a} \cdot x\right) \cdot \sin\left(\frac{n_y \pi}{b} \cdot y\right) \quad (4.25)$$

Diese Wellenfunktion muss noch normiert werden, damit man das Betragsquadrat später als Aufenthaltswahrscheinlichkeit interpretieren kann. Aus der Normierungsbedingung ergibt sich dann

$$\int_{x=0}^{a}\int_{y=0}^{b} |\psi(x,y)|^2 \, dx\, dy = 1 = \int_{x=0}^{a} |f(x)|^2 dx \int_{y=0}^{b} |g(y)|^2 dy \rightarrow A \cdot B = \frac{2}{\sqrt{a \cdot b}}$$

Durch Einsetzen der normierten Wellenfunktion in die stationäre SGL kann man nun die Energieniveaus erhalten. Es ergibt sich

> **Energieniveaus 2D-Kastenpotential**

$$E(n_x, n_y) = \frac{\hbar^2 \pi^2}{2m}\left(\frac{n_x^2}{a^2} + \frac{n_y^2}{b^2}\right) = E_x^* n_x^2 + E_y^* n_y^2$$

Wir sehen also, dass es nun eine Vielzahl von möglichen Kombinationen für die Energieniveaus gibt. Erstmalig zeigt sich hier auch der Fall, dass man durch verschiedene Kombination der Quantenzahlen n_x und n_y zu identischen Energieniveaus kommen kann, falls beispielsweise der Potentialkasten quadratisch ist und damit $a = b$ gilt. Dies ist dann etwa der Fall für die Kombinationen $n_x = 7, n_y = 1$ und $n_x = n_y = 5$, für die man jeweils $n_x^2 + n_y^2 = 50$ erhält.

> **Entartete Zustände**
>
> Energieniveaus, die man durch m verschiedene Kombinationen von Quantenzahlen erreichen kann, nennt man „m-fach entartet".

4.2.4 SGL mit kugelsymmetrischem Potential

Bisher wurde die Schrödingergleichung für kartesische Koordinaten (x, y, z) betrachtet. Für erste Erkenntnisse zu ein- und zweidimensionalen Problemen war das bereits sehr hilfreich. Ein Coulombpotential $E_{\text{pot}} = 1/(4\pi\epsilon_0) \cdot Q/r$, wie es etwa um den Kern eines Wasserstoffatoms besteht, ist aber radialsymmetrisch und kann daher am sinnvollsten mit Kugelkoordinaten bzw. sphärischen Koordinaten (r, θ, φ) beschrieben werden.

4.2 · Schrödingergleichung

> **Beispiel 4.3**
>
> Für die Vergesslichen: Die Definition der Kugelkoordinaten kann sich in Abb. 4.10 nochmals vor Augen führen. Die Umrechnungsvorschriften lassen sich direkt aus der Zeichnung erahnen, indem man jeweils die Sinus- und Kosinussätze anwendet. Zusammengefasst:
>
> $$x = r \cdot \sin\theta \cos\varphi \qquad r = \sqrt{x^2 + y^2 + z^2}$$
> $$y = r \cdot \sin\theta \sin\varphi \qquad \theta = \arccos\frac{z}{r}$$
> $$z = r \cdot \cos\theta \qquad \varphi = \arctan\frac{y}{x}$$
>
> Außerdem ändern sich die Ausdrücke für die Differentiale dx, dy, dz. Was wir benötigen, ist beispielsweise der Gradient ∇_r bzw. der Laplaceoperator $\nabla_r^2 = \Delta$ in Kugelkoordinaten:
>
> $$\nabla_r = \left(\frac{\partial}{\partial r}, \frac{1}{r}\frac{\partial}{\partial \theta}, \frac{1}{r \cdot \sin\theta}\frac{\partial}{\partial \varphi}\right)$$
> $$\nabla_r^2 = \frac{1}{r^2}\frac{\partial}{\partial r}\left(r^2\frac{\partial}{\partial r}\right) + \frac{1}{r^2 \cdot \sin\theta}\frac{\partial}{\partial \theta}\left(\sin\theta\frac{\partial}{\partial \theta}\right) + \frac{1}{r^2 \cdot \sin^2\theta}\frac{\partial^2}{\partial \varphi^2}$$

In Kugelkoordinaten lautet die stationäre Schrödingergleichung nun also

$$\frac{1}{r^2}\frac{\partial}{\partial r}\left(r^2\frac{\partial\psi}{\partial r}\right) + \frac{1}{r^2 \cdot \sin\theta}\frac{\partial}{\partial \theta}\left(\sin\theta\frac{\partial\psi}{\partial \theta}\right) + \frac{1}{r^2 \cdot \sin^2\theta}\frac{\partial^2\psi}{\partial \varphi^2} + \frac{2m}{\hbar^2}(E - E_{\text{pot}}(r))\psi = 0$$

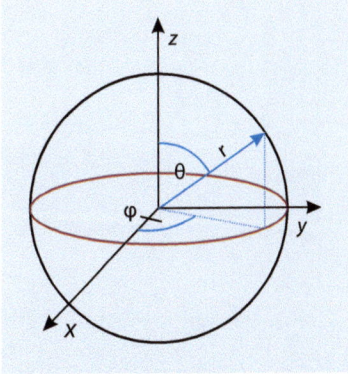

Abb. 4.10 Zur Definition der Kugelkoordinaten r, θ, φ

Diese Differentialgleichung sieht nun erstmal recht unangenehm aus. Es ist aber möglich, ihre Komplexität deutlich zu reduzieren. Wir hoffen auch diesmal wieder, dass eine mögliche Lösung $\psi(r, \theta, \varphi)$ sich in Faktoren zerteilen lässt, von denen jeder über nur eine Koordinatenabhängigkeit verfügt:

$$\psi(r, \theta, \varphi) = R(r) \cdot \Theta(\theta) \cdot \Phi(\varphi)$$

Das Einsetzen dieses Ansatzes führt dazu, dass man die Terme etwas umordnen kann. Unser Ziel für die Lösung dieser Differentialgleichung nennt sich im Allgemeinen „Trennung der Variablen":

$$\frac{\sin^2\theta}{R}\frac{d}{dr}\left(r^2\frac{dR}{dr}\right) + \frac{\sin\theta}{\Theta}\frac{d}{d\theta}\left(\sin\theta\frac{d\Theta}{d\theta}\right) + \frac{2m}{\hbar^2}(E - E_{\text{pot}}(r))r^2\sin^2\theta = -\frac{1}{\Phi}\frac{d^2\Phi}{d\varphi^2} \tag{4.26}$$

Man kann hier also die Gleichung in zwei Seiten aufteilen: Auf der linken Seite gibt es nur Abhängigkeiten von r und θ, die rechte Seite hängt nur von φ ab. Da unsere gesuchte Lösung ψ natürlich für eine beliebige Wahl der Koordinaten die SGL erfüllen soll, kann jede Seite für sich genommen nur konstant sein. Wir können jetzt also die linke und rechte Seite der Gleichung getrennt voneinander als konstant betrachten. Zunächst soll auf die rechte Seite eingegangen werden:

Der konstante Wert beider Seiten der Gleichung soll C_1 genannt werden. Damit ergibt sich

$$C_1 = -\frac{1}{\Phi}\frac{d^2\Phi}{d\varphi^2} \quad \text{bzw.} \quad \frac{d^2\Phi}{d\varphi^2} + C_1\Phi = 0$$

Die Lösung für diese Gleichung ist offensichtlich eine e-Funktion der Form

$$\Phi = A \cdot e^{\pm i\sqrt{C_1}\varphi}.$$

Diese komplex-wertige Funktion wiederholt ihren Wert nach einer Phasenverschiebung von $n \cdot 2\pi$. Wir fordern, dass sich an der physikalischen Aussage dadurch nichts ändern darf:

$$\Phi(\varphi) = \Phi(\varphi + 2\pi \cdot n) \tag{4.27}$$

$$\cancel{A \cdot \mathrm{e}^{\pm \mathrm{i}\sqrt{C_1}\varphi}} = \cancel{A \cdot \mathrm{e}^{\pm \mathrm{i}\sqrt{C_1}\varphi}} \cdot \mathrm{e}^{\pm \mathrm{i}\sqrt{C_1}2\pi \cdot n} \tag{4.28}$$

$$1 = \cdot \mathrm{e}^{\pm \mathrm{i}\sqrt{C_1}2\pi \cdot n} \tag{4.29}$$

Die letzte Gleichung kann nur dauerhaft erfüllt sein, wenn auch $\sqrt{C_1}$ immer eine ganze Zahl $m \in \mathbb{Z}$ ist. Die Funktion $\Phi(\varphi)$ nimmt also die Form

$$\Phi(\varphi) = A \cdot \mathrm{e}^{\mathrm{i}m\varphi}$$

an. Durch die Normierungsbedingung $\int_0^{2\pi} d\varphi |\Phi|^2 = 1$ kann man den Parameter A festlegen und hat die Funktion

$$\Phi(\varphi) = \frac{1}{\sqrt{2\pi}} \mathrm{e}^{\mathrm{i}m\varphi}$$

gefunden.

Nun wollen wir die linke Seite von Gl. 4.26 betrachten. Es ist auch hier wieder möglich, die einzelnen Variablen zu separieren. Das ergibt dann die beiden Teile [2]

$$\frac{1}{R}\frac{\mathrm{d}}{\mathrm{d}r}\left(r^2 \frac{\mathrm{d}R}{\mathrm{d}r}\right) + \frac{2m}{\hbar^2}r^2(E - E_{\mathrm{pot}}) = -\frac{1}{\Theta \sin\theta}\frac{\mathrm{d}}{\mathrm{d}\theta}\left(\sin\theta \frac{\mathrm{d}\Theta}{\mathrm{d}\theta}\right) + \frac{m^2}{\sin^2\theta} = C_2 \tag{4.30}$$

die wiederum nur von einer Variable abhängen und also konstant C_2 sein müssen, damit die Lösung universell für alle gewählten Koordinaten gilt. Für die rechte Seite dieser Gleichung kennt man aus der Mathematik die Lösung unter dem Namen „Legendre-Polynome" P_l^m. Daraus kann man die Konstante $C_2 = l(l+1)$ bestimmen, mit einer ganzen Zahl (später: *Quantenzahl*) $l \in \mathbb{N}$. Außerdem muss $-l \leq m \leq l$ gelten. Weil wir später noch oft solche Quantenzahlen betrachten werden, sei hier betont: Es handelt sich um eine mathematische Notwendigkeit für die Lösung der Differentialgleichung. Es gibt also keine (offensichtliche) physikalische Notwendigkeit für die Forderungen an l und m.

Die Verbindung der Funktion $\Phi(\varphi)$ und P_l^m nennt man Kugelflächenfunktionen

> **Kugelflächenfunktionen**
>
> $$Y_l^m(\theta, \varphi) = \Phi(\varphi) \cdot P_l^m(\cos\theta) \quad -l \leq m \leq l, \; l \in \mathbb{N}; \; m \in \mathbb{Z}$$

Diese Funktionen kann man für die entsprechenden l und m Werte mitsamt Normierung gemäß

$$Y_l^m(\theta, \varphi) = \frac{1}{\sqrt{2\pi}}\sqrt{\frac{2l+1}{2} \cdot \frac{(l-m)!}{(l+m)!}} \frac{(-1)^m}{l \cdot 2^l!}(1-\cos^2\vartheta)^{m/2} \frac{\mathrm{d}^{l+m}(\cos^2\vartheta - 1)^l}{(\mathrm{d}\cos\vartheta)^{l+m}}$$

berechnen [36]. Da wir in der Regel nur kleine Zahlenwerte für l und m betrachten, sind in Tab. 4.1 die Kugelflächenfunktionen für $l \leq 2$ und $|m| \leq 2$ angegeben. Diese Funktionen sind immer dann die Lösungen für den Winkelanteil der Wellenfunktion $\Theta(\theta) \cdot \Phi(\varphi)$, wenn das Potential radialsymmetrisch

---

[2] Hier wurde $C_1 = m^2 = -\frac{1}{\Phi}\frac{\mathrm{d}^2\Phi}{\mathrm{d}\varphi^2}$ eingesetzt.

4.3 · Das Wasserstoffatom

Tab. 4.1 Die Kugelflächenfunktionen $Y_l^m(\theta, \varphi)$ für $l \leq 2$ und $|m| \leq l$

	$l = 0$	$l = 1$	$l = 2$
$m = -2$			$\sqrt{\frac{15}{32\pi}} \sin^2 \vartheta \, e^{-2i\varphi}$
$m = -1$		$\sqrt{\frac{3}{8\pi}} \sin \vartheta \, e^{-i\varphi}$	$\sqrt{\frac{15}{8\pi}} \sin \vartheta \cos \vartheta \, e^{-i\varphi}$
$m = 0$	$\sqrt{\frac{1}{4\pi}}$	$\sqrt{\frac{3}{4\pi}} \cos \vartheta$	$\sqrt{\frac{5}{16\pi}} (3\cos^2 \vartheta - 1)$
$m = 1$		$-\sqrt{\frac{3}{8\pi}} \sin \vartheta \, e^{i\varphi}$	$-\sqrt{\frac{15}{8\pi}} \sin \vartheta \cos \vartheta \, e^{i\varphi}$
$m = 2$			$\sqrt{\frac{15}{32\pi}} \sin^2 \vartheta \, e^{2i\varphi}$

$E_{\text{pot}} = E_{\text{pot}}(r)$ ist. Dies wird auch der Fall sein, wenn wir nun konkret als radialsymmetrisches Potential das Coulombpotential wählen und die Schrödingergleichung für das Wasserstoffatom lösen.

4.3 Das Wasserstoffatom

Das Wasserstoffatom mit Formelzeichen H besteht aus einem Proton und einem Elektron. Es ist damit das leichteste und auch unkomplizierteste Atom, welches uns für die Quantenphysik zur Verfügung steht. Das negativ geladene Elektron befindet sich dabei im Coulomb-Potential des positiv geladenen Kerns. Wir haben es also erneut mit einem Elektron in einem Potentialtopf zu tun – nur ist diesmal die Form des Potentials kugelsymmetrisch gemäß $V(r) = -e^2/(4\pi\epsilon_0 r)$.

4.3.1 Schrödingergleichung mit Coulomb-Potential

Für die Wellenfunktion des Wasserstoffatoms nehmen wir zunächst vereinfachend an, dass der Atomkern ortsfest ist. Für die Wellenfunktion muss dann wieder die Schrödingergleichung

$$-\frac{-\hbar^2}{2m}\Delta_r \Psi(r, \theta, \varphi) - \frac{Z \cdot e^2}{4\pi\epsilon_0 r}\Psi(r, \theta, \varphi) = E\Psi(r, \theta, \varphi)$$

gelten. Weil es sich um ein radialsymmetrisches Potential handelt, können wir die Kugelflächenfunktionen als Lösung für die Winkelanteile Y_l^m in $\Psi(r, \vartheta, \varphi) = R(r) \cdot Y_l^m(\vartheta, \varphi)$ direkt übernehmen. Es bleibt nun noch die Lösung für den Radialteil $R(r)$ und das Coulomb-Potential zu finden.

$$\frac{1}{R}\frac{d}{dr}\left(r^2 \frac{dR}{dr}\right) + \frac{2m}{\hbar^2}r^2(E - E_{\text{pot}}) = C_2 = l(l+1)$$

Die Lösung dieser sogenannten Laguerre-Differentialgleichung wird hier ausgelassen. Gesagt sei, dass die gesuchten Funktionen $R(r)$ die „verallgemeinerten Laguerre-Polynome" $R_{n,l}(r)$ sind, die ebenfalls durch eine Rekursionsformel berechnet werden können [36]. Die Lösung ist durch eine natürliche Zahl n und $l \leq n-1$ bestimmt. Einige Funktionen für den Radialteil sind in Tab. 4.2 dargestellt. Mit den Laguerre Polynomen ergibt sich durch Einsetzen in die Schrödingergleichung die Energie

$$E_n = -\frac{mZ^2 e^4}{8\epsilon_0^2 h^2 n^2} = -Ry^* \frac{Z^2}{n^2} \quad l \leq n - 1$$

Tab. 4.2 Die Radialteile $R_{nl}(r)$ der Wasserstoff-Wellenfunktion für $n \leq 3$ und $l \leq n-1$

n	l	$R_{nl}(r)$
1	0	$\sqrt{\frac{4}{a_0^3}} \cdot e^{-r/a_0}$
2	0	$\sqrt{\frac{1}{2a_0^3}} \cdot \left(1 - \frac{r}{2a_0}\right) e^{-r/(2a_0)}$
2	1	$\sqrt{\frac{1}{72a_0^3}} \cdot \frac{r}{a_0} \cdot e^{-r/(2a_0)}$
3	0	$\sqrt{\frac{4}{(3a_0)^3}} \cdot \left(1 - \frac{2r}{3a_0} + \frac{2r^2}{27a_0^2}\right) e^{-r/(3a_0)}$
3	1	$\sqrt{\frac{32}{3^4 a_0^3}} \cdot \left(\frac{r}{a_0} - \frac{r^2}{6a_0}\right) e^{-r/(3a_0)}$
3	2	$\sqrt{\frac{8}{3645(3a_0)^3}} \cdot \frac{r^2}{a_0^2} e^{-r/(3a_0)}$

für die Zustände mit der Hauptquantenzahl n. Wir werden sehen, dass diese zunächst rein mathematisch begründete Forderung auch für die Eigenschaften des Wasserstoffatoms wichtig sein wird. Die gefundenen Energieniveaus stimmen übrigens exakt mit denen aus dem Bohrschen Atommodell überein. Außerdem hängt die Energie offenbar nur von der Quantenzahl n und nicht von l oder m ab. Hier liegt also wie im Fall des zweidimensionalen Kastenpotentials eine Entartung vor: Es gibt mehrere Wellenfunktionen für das Elektron (z. B. verschiedene l) mit identischer Energie.

Wenn nun die Wellenfunktion für das Elektron des Wasserstoffatoms bekannt ist, kann man die Aufenthaltsorte des Elektrons untersuchen. Gemäß der Wahrscheinlichkeitsinterpretation suchen wir also eine Darstellung von $|\Psi(r, \vartheta, \varphi)|^2$. Für einige Quantenzahlen sind die entstehenden Verteilungen, sogenannte *Orbitale*, in Abb. 4.11 gezeigt. Es ist jeweils die farbcodierte Wahrscheinlichkeitsdichte (gelber = wahrscheinlicher) in einem Querschnitt gezeigt. Wenn man sich die Querschnitte für steigende Hauptquantenzahlen n bei $l = 0$ ansieht, erkennt man den zunehmenden Abstand des Elektrons vom Zentrum an den größer werdenden gelben Ringen. Dies entspricht der bereits bekannten Zunahme der Bohrschen Radien bei höheren Hauptquantenzahlen. Die Orbitalformen für $l \neq 0$ werden zunehmend kompliziert und zeigen eine deutliche Winkelabhängigkeit durch den Einfluss der Kugelflächenfunktionen $Y_l^m(\vartheta, \varphi)$.

4.3.2 Exkurs: Operatoren in der Quantenmechanik

Um in der Quantenmechanik einen Zustand aus einer Wellenfunktion zu bestimmen (also quasi eine Messung), nutzt man sogenannte Operatoren. Die Wirkung eines Operators auf eine Wellenfunktion entspricht mathematisch einer Messung. Um die Operatoren einzuführen, ist es zweckmäßig zunächst die *Momente* einer Zufallsvariable zu veranschaulichen. Unbewusst ist das schon für die Schwerpunktberechnung oder sogar für das Bilden eines Mittelwertes bereits bekannt. Allgemein definiert ist das k-te Moment einer Verteilung $f(x)$ durch

> k-tes Moment einer Verteilung $f(x)$
>
> $$m_k = \int x^k f(x) dx$$

Um diese Definition etwas zu verinnerlichen, hilft es vielleicht sich die Berechnungsvorschrift für den Massenschwerpunkt eines starren Körpers anzuschauen. Man Berechnet den Schwerpunkt durch

4.3 · Das Wasserstoffatom

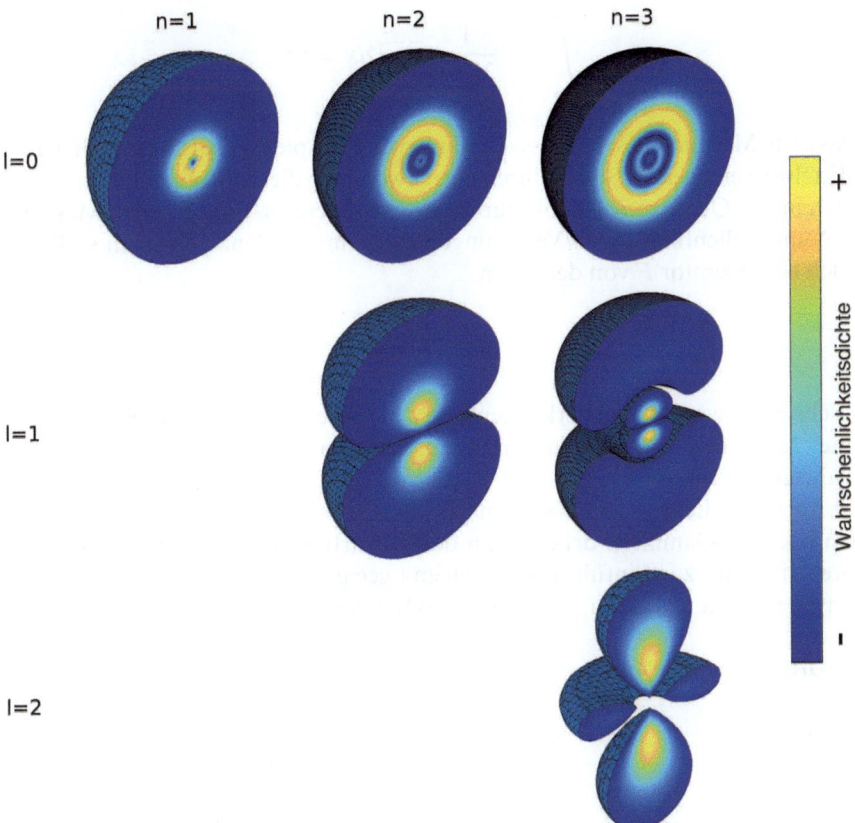

◘ **Abb. 4.11** $|\Psi|^2$ für einige Quantenzahlen n und l. Der Betrag der Wahrscheinlichkeitsdichte ist farbcodiert entsprechend der Farbleiste rechts. Die Form der Winkelverteilung nennt man Orbital. Für steigende n nimmt der wahrscheinlichste Aufenthaltsradius zu. Mit steigenden l wird die allgemeine Form zunehmend komplex. (berechnet und dargestellt mit MATLAB [43])

$$x_S = \frac{\int x \cdot \rho(x) dx}{\int \rho(x) dx}$$

Über dem Bruchstrich ist sofort das erste Moment wiederzuerkennen. Unter dem Bruchstrich ergibt das Integral die Gesamtmasse[3] und ist somit eine Normierung für das erste Moment. Das arithmetische Mittel einer Reihe von N Schulnoten x_i kann man bekanntermaßen berechnen durch

$$\bar{x} = \frac{\sum_i x_i}{\sum_i 1} = \frac{1}{N} \sum_i x_i$$

[3] Hinweis: Die Gesamtmasse ist das 0-te Moment.

Wie passt diese Berechnung mit dem eben vorgestellten ersten Moment zusammen? Die Verteilung der Noten ist jeweils konstant – keine Note wird bevorzugt vergeben. Damit erhält jede Schulnote die „Wahrscheinlichkeit" von $f(x_i) = const. = 1/6$. Das (normierte) erste Moment dieser Verteilung ist dann

$$\frac{\sum_i x_i f(x_i)}{\sum_i 1/6} = \frac{\frac{1}{6} \sum_i x_i}{\frac{1}{6} \cdot N} = \frac{\sum_i x_i}{N} = \bar{x}$$

und damit identisch zum weithin bekannten arithmetischen Mittel einer *gleichverteilten* Reihe von Zahlen. Auch das zweite Moment ist bereits indirekt bekannt: Für die Gauss-Verteilung ist das zweite Moment gleich der Varianz:

$$\int_{-\infty}^{\infty} x^2 \cdot \frac{1}{2\pi\sigma^2} e^{-\frac{x^2}{2\sigma^2}} dx = \sigma^2$$

Das erste Moment dieser Gaussverteilung wäre beispielsweise 0, was auch deren Mittelwert entspricht. So wie durch die Anwendung dieser Momente, kann man auch in der Quantenmechanik durch gewisse Operator-Funktionen „Messungen" an Wellenfunktionen/Verteilungen vornehmen. Ganz allgemein soll nun solch ein Operator $\hat{F}$ von der Form

$$\langle \hat{F} \rangle = \int \psi^* \hat{F} \psi \, dV$$

geschrieben werden. Wir erkennen auch hier die Vorschrift zur Berechnung eines Momentes wieder: Die Verteilungsfunktion $f(x)$ ist in diesem Falle die Wahrscheinlichkeitsdichte $\psi^* \cdot \psi = |\psi|^2$ und der Operator ist gewissermaßen die Variable, die es zu untersuchen gilt. Das F wird Observable genannt, mit den eckigen Klammern drückt man den Erwartungswert aus. Welche Operatoren sind nun zur Einführung ins Thema geeignet? Zunächst wollen wir den Ortsoperator $\hat{x}$ einführen. Dieser ist denkbar einfach: Die Variable x selbst.

❯ Ortsoperator $\hat{x}$

$$\langle \hat{x} \rangle = \bar{x} = \int \psi^* \cdot x \cdot \psi \, dV$$

Außerdem ist es nützlich, wenn man bei einem quantenmechanischen Teilchen den Impuls bestimmen kann. Dies geschieht mit dem Impulsoperator $\hat{p}$:

❯ Impulsoperator $\hat{p}_x$

$$\langle \hat{p}_x \rangle = \bar{p}_x = \int \psi^* \cdot \left(-i\hbar \frac{\partial}{\partial x} \right) \cdot \psi \, dV$$

Um sich zu vergewissern, dass der Ortsoperator auch wirklich den Aufenthaltsort eines Teilchens ermittelt, können wir dies am Beispiel des Elektrons im Potentialtopf testen. Die Wellenfunktion für einen unendlich hohen Potentialtopf mit Länge L lautete

$$\psi(x) = \sqrt{\frac{2}{L}} \cdot \sin\left(\frac{n\pi}{L} \cdot x \right)$$

Jetzt können wir mit dem Ortsoperator ermitteln, an welchem Ort das Teilchen bei einer Messung am wahrscheinlichsten zu finden ist:

$$\langle x \rangle = \int_0^L \psi^* x \psi \, dx = \frac{2}{L} \int_0^L x \cdot \sin^2\left(\frac{n\pi}{L} \cdot x \right) dx$$

Nun muss die passende Stammfunktion zu $x \cdot \sin^2 ax$ gefunden werden und die Integrationsgrenzen werden eingesetzt:

4.3 · Das Wasserstoffatom

$$\langle x \rangle = \frac{2}{L} \left[-\frac{\frac{2n\pi}{L}x \cdot \left(\sin(\frac{2n\pi}{L}x) - \frac{n\pi}{L}x\right) + \cos(\frac{2n\pi}{L}x)}{8n^2\pi^2/L^2} \right]_0^L$$

$$\langle x \rangle = \frac{2}{L} \left[\left(-\frac{\frac{2n\pi}{L}L \cdot (0 - \frac{n\pi}{L}L) + 1}{8n^2\pi^2/L^2} \right) - \left(-\frac{0 \cdot (0 - \frac{n\pi}{L}0) + 1}{8n^2\pi^2/L^2} \right) \right]$$

$$\langle x \rangle = \frac{2}{L} \left[\left(-L^2 \frac{-2n^2\pi^2 + 1}{8n^2\pi^2} \right) + \left(\frac{L^2}{8n^2\pi^2} \right) \right]$$

$$\langle x \rangle = \frac{2}{L} \left[+\frac{L^2 n^2 \pi^2}{8n^2\pi^2} - \frac{L^2}{8n^2\pi^2} + \frac{L^2}{8n^2\pi^2} \right] = \frac{L}{2}$$

Es ergibt sich also, dass der Erwartungswert des Ortsoperators immer genau in der Mitte des Potentialtopfes liegt – unabhängig von der Quantenzahl n. Wenn man sich die skizzierten Verläufe der Wellenfunktionen (Abb. 4.7) in Erinnerung ruft, erkennt man außerdem gut dass der Erwartungswert des Ortsoperators nicht zwingend identisch ist mit der größten Aufenthaltswahrscheinlichkeit. Bei $n = 2$ ist der Erwartungswert/Mittelwert des Aufenthaltsortes wieder in der Mitte bei $x = L/2$, die Aufenthaltswahrscheinlichkeit ist dort jedoch $|\psi(L/2)|^2 = 0$.

Allgemein ist der Messprozess in der Quantenphysik über sogenannte Eigenwerte bestimmt. Eigenwerte sind die Werte f_n, die durch Anwendung eines Operators $\hat{F}$ auf die Wellenfunktion entstehen gemäß

$$\hat{F}\psi_n = f_n \psi_n.$$

Das heißt, die Anwendung eines Operators auf eine Wellenfunktion erzeugt wieder dieselbe Wellenfunktion und eine zusätzliche Konstante. Diese Konstante ist der „Messwert". Das bekannteste Beispiel hierfür ist der sogenannte Hamilton-Operator, der die Energieniveaus als Eigenwerte erzeugt:

$$\hat{H}\psi_n = \left(\frac{\hat{p}_x^2}{2m} + V(x) \right) \psi_n = E_n \psi_n$$

Wenn man also eine Wellenfunktion für das Wasserstoffatom mit Quantenzahlen $n = 1, l = 0, m = 0$ aufstellt, so erhält man durch die Anwendung des Hamiltonoperators (darin steckt auch der Impulsoperator $\hat{p}_x$) das entsprechende Energieniveau für $n = 1$ als Eigenwert.

4.3.3 Wasserstoffatom im Magnetfeld

Als Vorbereitung für das Verhalten eines Wasserstoff-Atoms im Magnetfeld ist es zweckmäßig, den Begriff eines magnetischen Momentes zu wiederholen. Wir betrachten dafür nun das magnetische (Dipol-)Moment μ. Das magnetische Moment ist eine vektorielle Größe – besitzt also eine Richtung und einen Betrag. Man muss daher bei der Berechnung von μ immer die Richtung der beteiligten Größen beachten. Wir nehmen nun zunächst an, dass dieses magnetische Moment durch ein sich im Kreis bewegendes Proton wie in Abb. 4.12 erzeugt wird. Dann berechnet sich μ nach $\mu = \mathbf{A} \cdot I$. Wenn sich nun ein solches magnetisches Moment im äußeren Magnetfeld befindet, wirkt darauf ein Drehmoment $\mathbf{M} = \mu \times \mathbf{B}$. Dieses Drehmoment ist so gerichtet, dass es den Dipol in Richtung der Magnetfeldlinien ausrichten möchte. Dies ist der Fall, da dadurch die potentielle Energie dieser Anordnung minimiert wird. Die potentielle Energie E_{pot} beträgt hierbei nämlich

$$E_{\text{pot}} = -\boldsymbol{\mu} \cdot \mathbf{B} = -|\boldsymbol{\mu}||\mathbf{B}| \cdot \cos(\vartheta)$$

und wird minimal bei $\vartheta = 0°$. Man spricht in Bezug auf diese potentielle Energie auch von einer „Kopplung von $\boldsymbol{\mu}$ an $\mathbf{B}$". Diese Kopplung von magnetischen Momenten an ein Magnetfeld werden wir im Verlauf dieses Abschnittes noch öfter beschreiben.

Wir werden nun den Fall untersuchen, dass sich das Wasserstoff-Atom mitsamt seinem Elektron in einem äußeren Magnetfeld $\mathbf{B}$ aufhält. Bisher haben wir gesehen, dass die Energieniveaus in der Quantenzahl l entartet sind. Diese Entartung wird sich in der folgenden Betrachtung nun auflösen. Wir betrachten dafür das Elektron in einem semiklassischen Modell: Es führt eine Kreisbewegung um den Kern aus (klassisch), besitzt aber nur diskrete Energiezustände (QM). Damit ist auch der Drehimpuls dieses Elektrons gequantelt. Das magnetische Moment kann man nun gemäß Abb. 4.12 durch $\mu = i \cdot A$ beschreiben. Der Strom I soll nun durch ein mit bekannter Frequenz umlaufendes Elektron realisiert werden: $I = -e \cdot f = -e \cdot \frac{\omega}{2\pi}$. Für das magnetische Moment ergibt sich nun also betragsmäßig

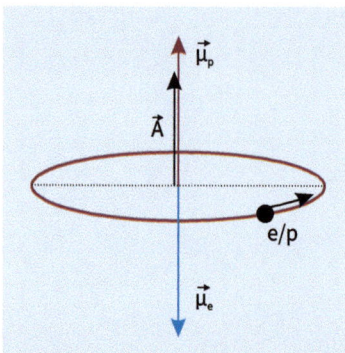

Abb. 4.12 Dipolmoment eines Elektrons auf einer Kreisbahn um die Fläche A

$$|\boldsymbol{\mu}| = I \cdot A = -e \cdot \frac{\omega}{2\pi} \cdot \pi r^2 = -\frac{e \cdot |\mathbf{l}|}{2m_e} \tag{4.31}$$

mit dem Drehimpuls $|\mathbf{l}| = |\mathbf{r} \times m_e \cdot \mathbf{v}| = r \cdot m_e \omega r$. Damit wollen wir nun den Drehimpuls des Wasserstoff-Elektrons bestimmen.

4.3.4 Quantenmechanischer Drehimpuls

In Abschn. 4.3.2 haben wir bereits den Orts- und den Impulsoperator kennengelernt. Um nun den Drehimpulsoperator zu bestimmen, können wir den Impulsoperator ($\hat{p} = -i\hbar\nabla$) direkt wie folgt nutzen:

$$\mathbf{l} = \mathbf{r} \times \mathbf{p} \rightarrow \hat{l} = \hat{r} \times \hat{p} = -i\hbar(\mathbf{r} \times \nabla)$$

Damit kann man den Operator komponentenweise bestimmen:

$$\begin{aligned} \hat{l}_x &= -i\hbar \left(y\frac{\partial}{\partial z} - z\frac{\partial}{\partial y} \right) \\ \hat{l}_y &= -i\hbar \left(z\frac{\partial}{\partial x} - x\frac{\partial}{\partial z} \right) \\ \hat{l}_z &= -i\hbar \left(x\frac{\partial}{\partial y} - y\frac{\partial}{\partial x} \right) \end{aligned} \tag{4.32}$$

Der Drehimpulsoperator wurde hier in kartesischen Koordinaten formuliert. Die Wellenfunktion für das Wasserstoffelektron wurde jedoch in Kugelkoordinaten beschrieben. Um damit kompatibel zu sein, muss also auch der Gradient ∇ in Kugelkoordinaten formuliert werden, was leider die Gleichungen für den Drehimpulsoperator sehr kompliziert werden lässt. Als einzigen Punkt möchte ich hier auf die z-Komponente hinweisen: In Kugelkoordinaten ergibt sich für Gl. 4.32 die kompakte Formulierung

$$\hat{l}_z = -i\hbar \frac{\partial}{\partial \varphi}.$$

Wenn wir dies auf die Wasserstoffwellenfunktion $\psi(r, \theta, \varphi) = R(r) \cdot \Theta(\theta) \cdot e^{im\varphi}$ anwenden, erhalten wir als Eigenwert für die z-Komponente des Drehimpulses

4.3 · Das Wasserstoffatom

> **QM-Drehimpuls, z-Komponente**

$$\hat{l}_z\psi = -\mathrm{i}\hbar\frac{\partial}{\partial\varphi}\psi = -\mathrm{i}\hbar R(r)\cdot\Theta(\theta)\cdot\frac{\partial}{\partial\varphi}\mathrm{e}^{\mathrm{i}m\varphi} = m\hbar\psi$$

$$\rightarrow l_z = m\cdot\hbar$$

Die bisher recht mysteriöse Quantenzahl m ist also verantwortlich für die Quantelung der z-Komponente des Drehimpulses, wie dies schematisch in Abb. 4.13 dargestellt ist. Der Betrag des kompletten Drehimpulses (also die Länge der blauen Vektorpfeile in Abb. 4.13) ergibt sich aus $\hat{l}^2 = \hat{l}_x^2+\hat{l}_y^2+\hat{l}_z^2$. Die Quantelung der l_z-Komponente schränkt dann wie in der Abbildung gezeigt die möglichen Orientierungen bzw. Winkel ein. Die Formulierung für den Drehimpulsbetrag erhält man durch Koeffizientenvergleich von $\hat{l}^2 = \hat{l}_x^2+\hat{l}_y^2+\hat{l}_z^2$ (in Kugelkoordinaten) mit der Lösung der Schrödingergleichung in Gl. 4.30. Der konstante Wert $\Theta(\theta) = C_2 = l(l+1)$ wird dann mit dem $\hat{l}^2$ in Kugelkoordinaten verglichen (bis auf $\hbar^2$ identisch!) und man findet das Ergebnis. Es ergibt sich

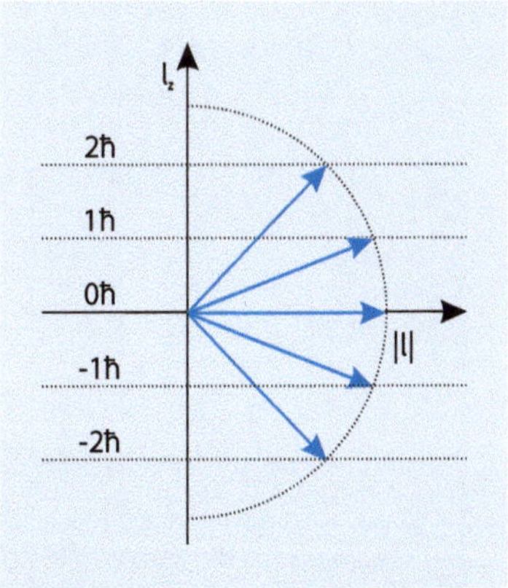

> **QM-Drehimpuls, Betrag**

$$\hat{l}^2\psi = l(l+1)\hbar^2\psi \quad (4.33)$$

$$\rightarrow |\mathbf{l}|^2 = l(l+1)\hbar^2 \quad (4.34)$$

Abb. 4.13 Zur Herleitung des Zeemann-Effektes

Wir haben also für das Elektron des Wasserstoffes sowohl den Drehimpulsbetrag als auch den Wert l_z der z-Komponente identifiziert. Die übrigen Komponenten l_x und l_y ergeben Ausdrücke, die Kombinationen der Quantenzahlen l und m sind. Wir werden sehen, dass es also am einfachsten ist, alle „Phänomene", z. B. Magnetfelder, in z-Richtung zu betrachten. Dies macht die Gleichungen dann oft sehr viel einfacher zu behandeln.

Hinweis: Man darf nicht den Drehimpulsvektor $\mathbf{l}$ mit dem Drehimpulsoperator $\hat{l}$ oder der Drehimpulsquantenzahl l verwechseln! Die gleichen Formelzeichen sind etwas irreführend, entsprechen aber der allgemein gebräuchlichen Form.

4.3.5 Kopplung von Bahndrehimpuls und Magnetfeld

Den Betrag des Drehimpulses für das Elektron kennen wir nun und können ihn also entsprechend in Gl. 4.31 einsetzen und erhalten:

> **Bahndrehimpuls des Elektrons**

$$|\boldsymbol{\mu}| = \frac{e}{2m_e}\sqrt{l(l+1)}\hbar = \mu_B\sqrt{l(l+1)} \quad (4.35)$$

mit $\mu_B = \frac{e\hbar}{2m_e}$ als sogenanntem Bohrschem Magnetron. Um zu sehen, welche potentielle Energie in diesem magnetischen Moment in einem äußeren Magnetfeld steckt, untersuchen wir die „Kopplung" von $\boldsymbol{\mu}$ an $\mathbf{B}$. Die potentielle Energie berechnet sich dann durch $E_{\text{pot}} = -\boldsymbol{\mu}\cdot\mathbf{B}$. Wenn wir nun einfacherweise das Magnetfeld in z-Richtung ausrichten, also $\mathbf{B} = B_z$ wählen, brauchen wir wegen $\boldsymbol{\mu}\cdot\mathbf{B} = l_z\cdot B_z$ nur die z-Komponente des gequantelten Drehimpulses für die Kopplung zu berücksichtigen. Es ergibt sich also

$$E_{\text{pot}} = -\boldsymbol{\mu} \cdot \mathbf{B} = \frac{e \cdot l_z}{2m_e} \cdot B_z.$$

Die z-Komponente des Bahndrehimpulses ist durch die bereits bekannte Quantenzahl m durch $l_z = m \cdot \hbar$ beschrieben. Damit kann nun die potentielle Energie der Kopplung von Drehimpuls und externem magnetischen Feld durch

> **Zeemann-Effekt**

$$E_{\text{pot}} = -\boldsymbol{\mu} \cdot \mathbf{B} = \frac{e \cdot m\hbar}{2m_e} \cdot B_z = m_l \cdot \mu_B B_z \qquad (4.36)$$

berechnet werden. Aufgrund der Verwendung in diesem Zusammenhang mit dem Magnetfeld wird m_l auch *magnetische Quantenzahl* genannt. Die Energieniveaus sind bei einem Magnetfeld $B_z \neq 0$ also in $(-m \ldots m) = 2l+1$-verschiedene Energieniveaus aufgeteilt wie in Abb. 4.14 gezeigt ist. Die Abstände zwischen den Niveaus sind also jeweils konstant und betragen $\Delta E = \mu_B \cdot B_z$. Dieser auch „normale Zeemann-Effekt" genannte Effekt hebt also die Entartung in l auf, sofern ein äußeres Magnetfeld vorhanden ist. Dann spaltet nämlich jedes Energieniveau E_n abhängig von der Quantenzahl l in $2l+1$ Niveaus auf. Wir werden später noch andere Phänomene kennenlernen, die weitere solcher Energieniveauaufspaltungen begründen werden.

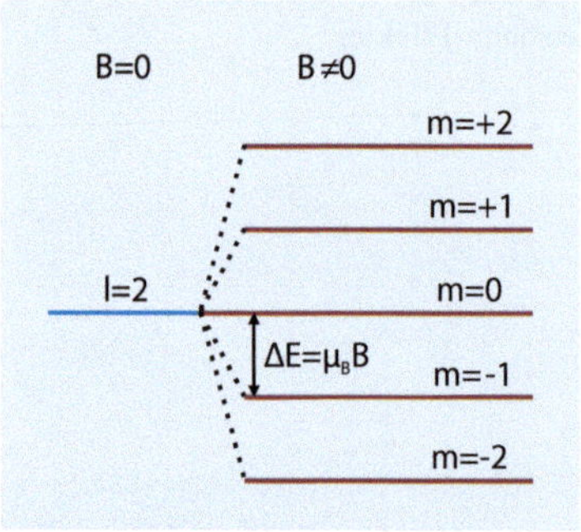

4.3.6 Absorption und Emission von Strahlung

Der wesentliche Aspekt bei der Absorption und Emission von Strahlung ist der Drehimpuls eines Photons. Ohne Herleitung wird der Drehimpuls als

> **Drehimpuls des Photons**

$$|\mathbf{l}_{\text{Ph}}| = \hbar \qquad (4.37)$$

Abb. 4.14 Energieaufspaltung durch den einfachen Zeemann-Effekt

definiert. Für die quantenmechanischen Drehimpulse gilt bei Stößen wie in der Mechanik der Drehimpulserhaltungssatz

$$\mathbf{l}_{\text{Atom, vorher}} = \mathbf{l}_{\text{Atom, nachher}} + \mathbf{l}_{\text{Ph}}. \qquad (4.38)$$

Da der Drehimpuls des Photons $\hbar$ beträgt, muss sich bei einer Absorption oder Emission der Drehimpuls des Stoßpartners auch um diesen Betrag ändern. Wir haben es hier allerdings mit einer Addition von Vektoren zu tun, also gibt es (abhängig von l) mehrere Möglichkeiten den Drehimpulserhaltungssatz zu befolgen. Dies ist in Abb. 4.15 für das Beispiel $l=2$ gezeigt. Dort wird der Erhaltungssatz gezeigt für:

- $\mathbf{l}_{\text{vorher}}$ (blauer Pfeil) hat den Betrag $\sqrt{3(3+1)}\hbar$ und die z-Komponente $l_z = 3\hbar$.
- Dieser Vektor kann auch als die Summe von $\mathbf{l}_{\text{nachher}}$ mit Betrag $\sqrt{2(2+1)}\hbar$ und z-Komponente $l_z = 2\hbar$ UND dem Photon mit $|\mathbf{l}_{\text{Ph}}| = 1\hbar$ dargestellt werden.

Durch Überlegungen zu dieser Art von vektorieller Addition kann man nun die sogenannten Auswahlregeln herleiten. Immer, wenn die Drehimpulshaltung gelten soll und ein Photon am Stoßprozess beteiligt ist, müssen die folgenden Auswahlregeln gelten:

4.3 · Das Wasserstoffatom

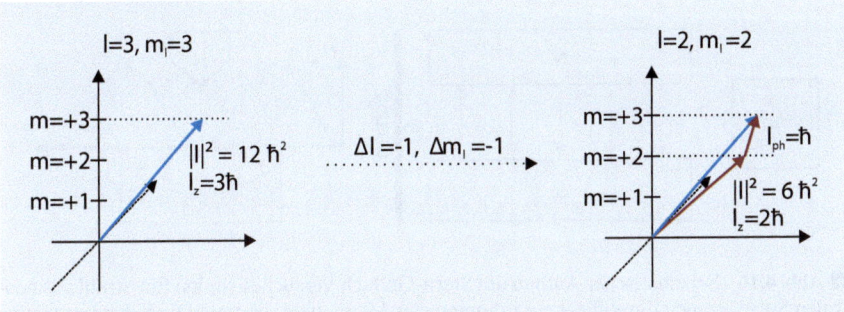

Abb. 4.15 Möglichkeiten der vektoriellen Addition von Drehimpulsen. Zur Herleitung der Auswahlregeln bei Emission und Absorption von Strahlung

> **Auswahlregeln für Emission und Absorbtion eines Photons**

$$\Delta l = \pm 1 \quad \Delta m_l = \pm 1, 0 \qquad (4.39)$$

Demnach muss sich also zwingend die Drehimpulsquantenzahl ändern, bei der magnetischen Quantenzahl gibt es dann mehrere Optionen. Welche dieser Optionen von m_l realisiert wird, ist mit der Polarisation des Lichtes verknüpft. Dabei gilt entsprechend:

$\Delta m_l = +1 \rightarrow \sigma^+$ (rechts-zirkular polarisiert)
$\Delta m_l = 0 \rightarrow \pi$ (linear polarisiert)
$\Delta m_l = -1 \rightarrow \sigma^-$ (links-zirkular polarisiert)

Man kann also durch Analyse der Lichtpolarisation auf die Natur des Übergangs Rückschlüsse ziehen!

4.3.7 Spin des Elektrons

Wir haben im letzten Abschnitt gelernt, dass ein äußeres Magnetfeld Einfluss auf die Bewegung des Elektrons um den Atomkern hat. Es gibt neue Wechselwirkungen zwischen Magnetfeld und Elektrondrehimpuls, die zu neuen Energieniveaus führen. Jetzt werden wir ein Experiment kennenlernen, dass noch eine weitere – ganz ähnliche – Eigenschaft des Wasserstoffatoms aufdeckt. Das Experiment von Otto Stern und Walter Gerlach (Stern-Gerlach-Experiment) wurde 1921 durchgeführt. Dabei wird die Ablenkung von Silberatomen in einem inhomogenen Magnetfeld untersucht. In Abb. 4.16 ist der Versuch schematisch gezeigt. Durch die individuell geformten Magnetpole wird im Strahlenkanal ein inhomogenes Magnetfeld erzeugt. Die freien Silberatome des Strahls werden zunächst durch Verdampfen in einem entsprechenden Ofen erzeugt und durch eine Blende zu einem Strahl kollimiert. Die Silberatome sind elektrisch neutral, können also nicht durch die Lorentzkraft oder eine elektrische Feldkraft abgelenkt werden. Man würde erwarten, dass der Strahl von Silberatomen das inhomogene Magnetfeld einfach durchfliegt und dabei am Schirmende einen statistisch verbreiterten (die Fokussierung ist ja nicht perfekt) Bereich mit höchster Intensität in der Mitte zeigt. Was sich jedoch im Experiment zeigt, ist die in Abb. 4.16 rechts angedeutete Aufspaltung des Strahls. Es gibt zwei voneinander getrennte Bereiche in denen die Silberatome auftreffen. Es muss also irgendeine Wechselwirkung des inhomogenen Magnetfeldes mit einer (noch nicht bekannten) Eigenschaft des Silberatoms geben. Wie gesagt, das Silberatom ist elektrisch neutral und der Bahndrehimpuls der Elektronen seiner Hülle

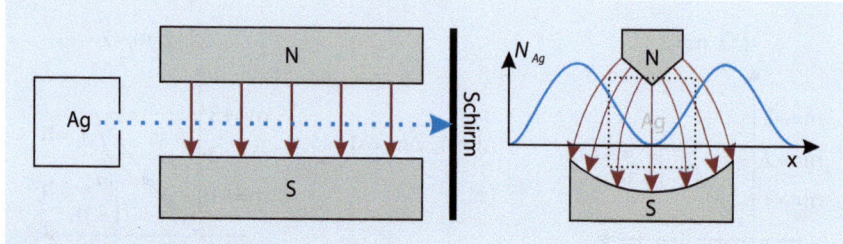

□ **Abb. 4.16** Schematischer Aufbau des Stern-Gerlach Versuches. (links) Ein Strahl aus neutralen Silberatomen durchfliegt ein inhomogenes Magnetfeld. (rechts) Die Silberatome werden vom Magnetfeld nach links und rechts abgelenkt, obwohl sie keinen Bahndrehimpuls haben ($l = 0$). Die beobachtete Verteilung der Silberatome auf dem Schirm $N_{\text{Ag}}(x)$ ist als blaue Kurve skizziert

ist $\mathbf{l}_{\text{ges}} = 0$. Es gibt also kein magnetisches Moment der Elektronen. Es muss noch irgendein (neues) magnetisches Moment geben, dass mit dem inhomogenen Magnetfeld wechselwirkt.

1925 haben Goudsmit und Uhlenbeck eine Hypothese zur Erklärung des Stern-Gerlach Versuches formuliert. Demnach solle das Elektron neben seinem Bahndrehimpuls auf dem semi-klassischen Weg um den Atomkern auch noch einen Eigendrehimpuls besitzen. Klassisch würde das bedeuten, dass das Elektron sich neben seiner Bahnbewegung auch noch um sich selbst dreht. Dieser Eigendrehimpuls des Elektrons wird *Spin* **s** genannt. Nach der Spinhypothese würde dieser Spin zu einem magnetischen Moment führen und könnte die Aufspaltung des Silberstrahles erklären.

Wir wollen diese Hypothese nun weiterverfolgen und versuchen, das Stern-Gerlach Experiment zu erklären. Der postulierte Eigendrehimpuls würde in der SGL zu genau den gleichen Drehimpulseigenschaften wie der Bahndrehimpuls führen. Ein hypothetischer Spin **s** hätte also die Eigenschaften $|\mathbf{s}| = \sqrt{s(s+1)}\hbar$, $s_z = m_s \cdot \hbar$ mit $s \leq m_s \leq s$ mit der Spinquantenzahl s und der magnetischen Spinquantenzahl m_s. Die Herleitung der potentiellen Energie durch die Kopplung von Spin und Magnetfeld erfolgt genauso wie für den Zeemann-Effekt. Die potentielle Energie für die Kopplung ist dann $E_{\text{pot}} = -\boldsymbol{\mu}_s \cdot \mathbf{B}$. Die daraus resultierende ablenkende Kraft $F_{\text{abl.}}$ wäre

$$F_{\text{abl.}} = -\nabla E_{\text{pot}} = \mu_s \frac{\partial B_z}{\partial z}. \tag{4.40}$$

Im Experiment mit Silberatomen kann man genau zwei Aufspaltungen beobachten. Es gibt also offenbar nur zwei verschiedene Zustände für die magnetische Spinquantenzahl m_s. Aus $s \leq m_s \leq s$ und $\Delta m_s = \pm 1$ folgt die einzig mögliche Lösung $s = \frac{1}{2}$ und $m_s = \pm \frac{1}{2}$. Damit können wir also den Betrag des Elektronenspins konkret benennen:

> **Elektronenspin**

$$\text{Spinquantenzahl } s = \frac{1}{2} \tag{4.41}$$

$$|\mathbf{s}| = \frac{\sqrt{3}}{2}\hbar \tag{4.42}$$

$$s_z = \pm \frac{1}{2} \cdot \hbar \tag{4.43}$$

$$s \leq m_s \leq s \tag{4.44}$$

4.3 · Das Wasserstoffatom

Aus der Vermessung der Peaks für den Stern-Gerlach-Versuch kann man nach Gl. 4.40 auch auf das magnetische Moment für den Spin schlussfolgern. Während das magnetische Moment des Bahndrehimpulses durch $\boldsymbol{\mu_l} = -\frac{1}{\hbar}\mu_B \mathbf{l}$ gegeben war, findet man nun überraschenderweise für den Spin das doppelte Verhältnis von magnetischem Moment und mechanischem Drehimpuls:

$$\boldsymbol{\mu_s} = -2 \cdot \frac{1}{\hbar}\mu_B \mathbf{s}$$

Dies wird auch als Einstein-de-Haas-Effekt bezeichnet. Der Faktor 2 (genauer: 2.0023) wird auch als Landé-Faktor g_s bezeichnet und kann auch theoretisch berechnet werden. Aktuelle Hochpräzisionsexperimente suchen nach einer Abweichung des errechneten Wertes von $g_s - 2$, um ggf. die Grenzen der Quantenmechanik auszuloten.

Als letzten Schritt muss nun die bisherige Wellenfunktion des Wasserstoffatoms so angepasst werden, dass auch die neue Spinquantenzahl berücksichtigt wird. Es muss also möglich sein, durch Anwendung eines Spin-Operators $\hat{s}_z$ als Eigenwerte die Spinquantenzahl m_s des aktuellen Zustandes zu erhalten. Dies wird realisiert durch das Hinzufügen eines weiteren Faktors zur Wellenfunktion nach der Form

$$\psi_{n,m,l,s} = R_{n,l} Y_l^m \mathcal{X}_s$$

Die Funktionen $\mathcal{X}_s$ für den Modus „Spin = +1/2" und „Spin = −1/2" werden nun durch einen Vektor dargestellt. Die Spinfunktion nimmt dabei die Werte

$$\mathcal{X}\uparrow = \frac{\hbar}{2}\begin{pmatrix}1\\0\end{pmatrix}$$

$$\mathcal{X}\downarrow = \frac{\hbar}{2}\begin{pmatrix}0\\1\end{pmatrix}$$

an. Dies sollen nun die Eigenwerte bei Anwendung des Spinoperators $\hat{s}$ sein. Dieses Verhalten kann man erreichen, wenn der Operator die Form der folgenden Matrizen besitzt:

$$\hat{s}_x = \frac{\hbar}{2}\begin{pmatrix}0 & 1\\1 & 0\end{pmatrix}$$

$$\hat{s}_y = \frac{\hbar}{2}\begin{pmatrix}0 & -i\\i & 0\end{pmatrix}$$

$$\hat{s}_z = \frac{\hbar}{2}\begin{pmatrix}1 & 0\\0 & -1\end{pmatrix}$$

Dies soll nun an einem Beispiel getestet werden. Wir nehmen an, dass die Wellenfunktion mit „Spin-Up" vorliegt und wenden den Operator an.

$$\hat{s}_z \mathcal{X}\uparrow = \frac{\hbar}{2}\begin{pmatrix}1 & 0\\0 & -1\end{pmatrix} \cdot \begin{pmatrix}1\\0\end{pmatrix} = \frac{\hbar}{2}\begin{pmatrix}1+0\\0+0\end{pmatrix} = +\frac{\hbar}{2}\begin{pmatrix}1\\0\end{pmatrix}$$

Der Operator, der den „Up" bzw. „Down" Status des Spins ermittelt, hat also erfolgreich den Zustand „Up" ermittelt.

4.3.8 Spin-Bahn Kopplung

Bisher haben wir betrachtet, dass sich das Elektron (mit magnetischem Moment) auf einer Kreisbahn in einem äußeren Magnetfeld befindet. Jetzt versetzen wir uns mal in die Lage des Elektrons: Es sieht für uns nun so aus, als wenn wir uns in Ruhe befinden und sich das Proton im Kreis um uns herum bewegt.

Dieses Proton auf einer Kreisbahn um uns erzeugt natürlich ein Magnetfeld gemäß dem Gesetz von Biot-Savart:

$$\mathbf{B}_l = \frac{\mu_0 Z e}{4\pi r^3}(\mathbf{v} \times \mathbf{r})$$

Nachdem nun die Inertialsysteme transformiert und gewisse Kreiselelemente berücksichtig wurden (Stichwort: Thomas-Präzession) beträgt das so erzeugte Magnetfeld den Wert

$$\mathbf{B}_l = \frac{\mu_0 Z e}{8\pi r^3 m_e}\mathbf{l}.$$

Man spricht nun von Spin-Bahn-Kopplung, wenn das magnetische Moment des Elektronenspins $\boldsymbol{\mu}_s$ und das lokale Magnetfeld $\mathbf{B}_l$ der Proton-Bahnbewegung gekoppelt werden gemäß

$$\Delta E_{l,s} = -\boldsymbol{\mu}_s \cdot \mathbf{B}_l = g_s \mu_B \frac{1}{\hbar} \frac{\mu_0 Z e^2}{8\pi m_e^2 r^3} \mathbf{s} \cdot \mathbf{l}. \qquad (4.45)$$

Wie aber soll das Skalarprodukt $\mathbf{s} \cdot \mathbf{l}$ berechnet werden? Es ist hilfreich, statt dem Produkt zunächst die Summe der beiden Vektoren zu berechnen. Diese Summe nennt man Gesamtdrehimpuls $\mathbf{j}$ mit allen üblichen Eigenschaften von quantenmechanischen Drehimpulsen. Dabei gibt es nun also auch eine Gesamtdrehimpulsquantenzahl j usw. Durch diesen „Trick" können wir nun das gesuchte Skalarprodukt über einen Umweg berechnen:

$$\mathbf{j} = \mathbf{l} + \mathbf{s}$$
$$j^2 = l^2 + s^2 + 2\mathbf{l} \cdot \mathbf{s}$$
$$\mathbf{l} \cdot \mathbf{s} = \frac{1}{2}\left(j^2 - l^2 - s^2\right)$$
$$\mathbf{l} \cdot \mathbf{s} = \frac{\hbar^2}{2}\left(j(j+1) - l(l+1) - s(s+1)\right)$$

Damit wird Gl. 4.45 zu

$$\Delta E_{l,s} = -\boldsymbol{\mu}_\mathbf{s} \cdot \mathbf{B}_l = g_s \mu_B \frac{1}{\hbar} \frac{\mu_0 Z e^2}{8\pi m_e^2 r^3} \frac{\hbar^2}{2}\left(j(j+1) - l(l+1) - s(s+1)\right).$$

Der Quantenmechanische Erwartungswert für diese Energie lässt sich berechnen durch

$$\Delta E_{l,s} = g_s \mu_B \frac{1}{\hbar} \frac{\mu_0 Z e^2}{8\pi m_e^2} \frac{\hbar^2}{2}\left(j(j+1) - l(l+1) - s(s+1)\right) <\frac{1}{r^3}> \qquad (4.46)$$

$$\Delta E_{l,s} = -E_n \frac{Z^2 \alpha^2}{2n \cdot l(l+1)(l+\frac{1}{2})}\left(j(j+1) - l(l+1) - s(s+1)\right) \qquad (4.47)$$

mit der Feinstrukturkonstanten $\alpha = \frac{\mu_0 \cdot c \cdot e^2}{4\pi \hbar} \approx \frac{1}{137}$. Welche Energieniveaus sind hier nun möglich? Die Drehimpulsquantenzahl l ist für einen bestimmten Zustand gegeben, die Spinquantenzahl beträgt immer $s = 1/2$. Allerdings gibt es nun zwei Möglichkeiten den Gesamtdrehimpuls aus $\mathbf{l}$ und $\mathbf{s}$ zu bilden: Der Spin kann positiv oder negativ ausgerichtet sein. Es ergeben sich die Gesamtdrehimpulsquantenzahlen $j = l+1/2$ und $j = l-1/2$. Die Energieniveaus $E_{n,l}$ sind also aufgespalten in die Niveaus $E_{n,l,s} = E_{n,l} \pm \Delta E_{l,s}$. Diese Aufspaltung, genannt Feinstruktur, ist nur bei sehr genauen Messungen erkennbar. Nach Einsetzen aller Konstanten ergibt sich

Feinstrukturaufspaltung

$$\Delta E_{l,s} \approx -5{,}3 \cdot 10^{-5} E_n \frac{Z^2}{n \cdot l(l+1)}.$$

Die Größe dieses Effektes ist also sehr klein im Vergleich zu E_n, außerdem wird der Effekt mit größeren Quantenzahlen n und l sogar noch kleiner.

4.3.9 Lamb-Shift und Relativistische Korrektur

Es gibt nun noch zwei weitere Korrekturen, die berücksichtigt werden müssen wenn man wirklich alle experimentellen Beobachtungen des Wasserstoffspektrums erklären möchte. Zunächst soll der sogenannte Lamb-Shift erläutert werden. Diesen kann man erneut im semi-klassischen Modell beschreiben. Das Elektron bewege sich dabei als Punktteilchen auf einer Kreisbahn um den Kern. Das Coulomb-Potential habe die Form $E_{\text{pot}} \propto \frac{1}{r}$. Gemäß der Heisenbergschen Unschärferelation wird das Elektron auf dieser Bahn kleine Abweichungen seiner Energie ΔE auf kurzer Zeitskala erfahren. Dies führt also anschaulich zu kurzzeitigen Veränderungen des Bahnradius wie in Abb. 4.17 skizziert. Im zeitlichen Mittel verschwindet diese Zitterbewegung und es ergibt den Bohrschen Radius. Jedoch verläuft die potentielle Energie nicht linear (sondern eben $E_{\text{pot}} \propto \frac{1}{r}$), was dazu führt, dass die gemittelte potentielle Energie eben nicht gleich bleibt:

$$\left\langle \frac{1}{r+\delta r} \right\rangle_{\text{zeitliches Mittel}} \neq \left\langle \frac{1}{r} \right\rangle_{\text{zeitliches Mittel}}$$

Dieser Beitrag wird also eine (sehr kleine) Verschiebung der Energieniveaus bewirken. Diese Verschiebung tritt nur für die Bahnen mit $l=0$ auf und nimmt mit steigendem n ab. Die Verschiebung kann man mit Mitteln der QED berechnen und erhält Werte von $\Delta E_{\text{Lamb}} < 10^{-6}$ eV.

Eine weitere Korrektur erhält man bei Berücksichtigung der relativistischen Geschwindigkeiten, mit denen sich das semi-klassische Elektron um den Kern bewegt. Dafür nutzen wir den relativistischen Energie-Impuls-Satz. Dieser lautet

$$E_{\text{kin}} = E - m_0 c^2 = \sqrt{p^2 c^2 + m_0^2 c^4} - m_0 c^2$$

Die Näherung für den Fall $p \ll mc$ soll nun auch den quadratischen Term berücksichtigen. Nach Umstellen und Entwicklung in eine Tayler-Reihe folgt

$$E_{\text{kin}} \approx \underbrace{m_0 c^2 + \frac{p^2}{2m}}_{\text{schon bekannt}} \underbrace{-\frac{1}{8}\frac{(p^2)^2}{m^3 c^2}}_{\text{neue Korrektur}} + \cdots - m_0 c^2$$

Um den Energiebeitrag dieses Terms zu berechnen, muss man dessen Erwartungswert quantenmechanisch berechnen. Dies ergibt

$$\begin{aligned}\Delta E_{\text{rel}} &= \frac{-1}{8\,m^3 c^2} \langle \hat{p}^4 \rangle \\ &= -\frac{1}{8}\frac{\hbar^4}{m^3 c^2} \int \psi_{n,l,m}^* \nabla^4 \psi_{n,l,m}\, dV \\ &= \frac{1}{n} E_n Z^2 \alpha^2 \left(\frac{3}{4n} - \frac{1}{l+\frac{1}{2}} \right).\end{aligned} \quad (4.48)$$

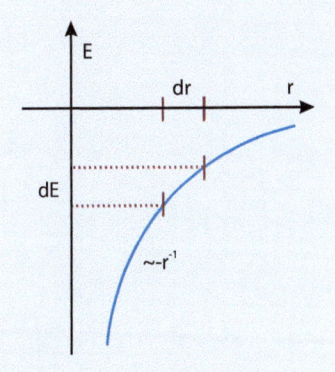

Abb. 4.17 Zur Herleitung des Lamb-Shift

Die relativistische Betrachtung führt also wieder zu einer Aufspaltung, die von n und l abhängt. Interessanterweise führt die Addition der Energieaufspaltungen der Feinstruktur (Gl. 4.47) und der rel. Korrektur (Gl. 4.48) zu einer Korrektur, die NICHT mehr von l, sondern nur noch von j und n abhängt:

> **Feinstrukturaufspaltung mit rel. Korrektur**

$$E_{n,j} = E_n \left[1 + \frac{Z^2 \alpha^2}{n} \left(\frac{1}{j + \frac{1}{2}} - \frac{3}{4n} \right) \right]$$

Ein nochmals kleiner Korrekturterm durch den Spin des Atomkerns, die sogenannte Hyperfeinstruktur, soll hier nicht betrachtet werden.

4.4 Zusammenfassung: Wasserstoff

Wir haben nun viele verschiedene Korrekturen zum anfänglichen Bild des Wasserstoffatoms kennengelernt. In Abb. 4.18 sind alle diese Beiträge (nicht skalengetreu) skizziert. Den wichtigsten Energiebeitrag liefert die Hauptquantenzahl n. Das ist hier für die Beispiele $n = 1$ und $n = 2$ gezeigt. Dann kommt die Aufspaltung der Feinstruktur (Spin-Bahn-Kopplung) und die relativistische Korrektur zu einer Aufspaltung hinzu, die neben n noch von j abhängt. Für das untere Niveau bei $n = 1$ ist nur $l = 0$ erlaubt und damit gibt es nur eine Möglichkeit die Quantenzahl j aus $l + s$ zu ermitteln, nämlich $j = 0 + \frac{1}{2} = \frac{1}{2}$. Den so ermittelten Zustand des Wasserstoffatoms beschreibt man gemäß

> **Nomenklatur Wasserstoff**

$$n^{2s+1}l_j$$

wobei der Exponent $2s + 1$ auch Multiplizität genannt wird – dies wird uns bei den Molekülen noch eingehender beschäftigen. Die Drehimpulsquantenzahl l wird konventionsgemäß durch die Buchstaben s($l = 0$), p($l = 1$), d($l = 2$) usw. bezeichnet. Der Zustand mit $n = 1, l = 0, s = 1/2$ wird also als $1s_{1/2}$ bezeichnet. Für das obere Energieniveau gibt es nun drei Möglichkeiten die erlaubten l und s zu kombinieren:

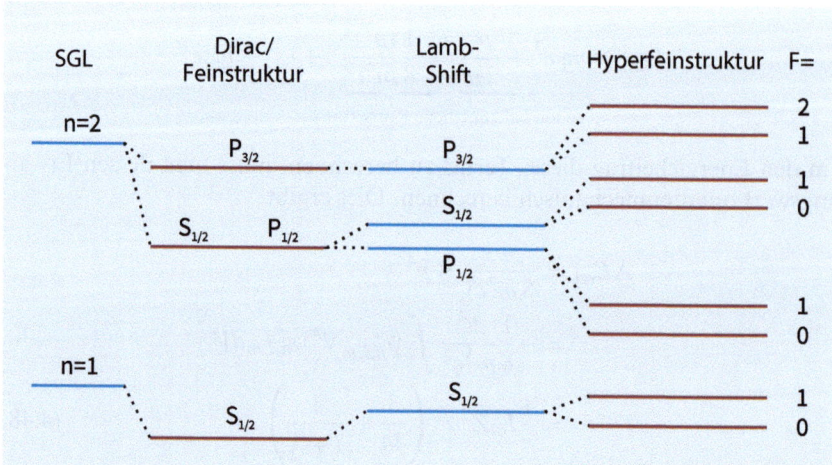

Abb. 4.18 Zusammenfassung aller uns nun bekannten Energieniveauaufspaltungen

4.5 · Exotisches zur Quantenphysik

l	s	j	Nomenklatur
0 (s)	1/2	1/2	$2s_{1/2}$
1 (p)	1/2	3/2	$2p_{3/2}$
1 (p)	−1/2	1/2	$2p_{1/2}$

Wir werden also für $n = 2$ die Zustände $2s_{1/2}, 2p_{1/2}$ und $2p_{3/2}$ erwarten. Da nur die Quantenzahl n und j für die Verschiebung verantwortlich sind, fallen die Niveaus $2s_{1/2}$ und $2p_{1/2}$ zusammen. Die Lamb-Verschiebung sorgt nun für ein „leichtes" Anheben der s-Orbitale. Der Zustand $1s_{1/2}$ und $2s_{1/2}$ werden also geringfügig angehoben. Als letzte Aufspaltung ist in Abb. 4.18 noch die Hyperfeinstruktur eingezeichnet. Diese behandeln wir im Kurs nicht. Sie resultiert aus der Kopplung des Kernspins (analog zum Elektron) und des Gesamtdrehimpulses des Elektrons. Diese Aufspaltung ist etwa 2000-mal kleiner als die Feinstrukturaufspaltung.

4.5 Exotisches zur Quantenphysik

In diesem Kapitel stelle ich kurz und oft ohne fachliche Tiefe Themen vor, die aus Wünschen von Studierenden ausgewählt wurden. Es sind hauptsächlich Effekte oder Vorstellungen, wie Sie in Medien oder Science-Fiction Filmen bekannt sind. Gerade wegen dieser Bekanntheit sind es aber auch gute Anknüpfungspunkte zwischen SchülerInnen und LehrerInnen, um interessante Gespräche über Physik zu führen.

4.5.1 Hawking-Strahlung

Die sogenannte Hawking-Strahlung ist an die Gegenwart eines schwarzen Loches gebunden. Die hier gegebene Erklärung ist sehr vereinfacht – um nicht zu sagen: falsch. Trotzdem kann man sich daran den wesentlichen Kern des Effektes herleiten.

Der Ausgangspunkt dieser sehr vereinfachten Argumentation ist der Prozess der Entstehung virtueller Teilchen im Vakuum als Folge der Unbestimmtheitsrelation $\Delta E \cdot \Delta t \geq \hbar$. Diese Virtuellen Teilchen rekombinieren üblicherweise nach kurzer Zeit wieder und geben so ihre „geliehene" Energie wieder ab. Wie in Abb. 4.19 gezeigt, gilt für diese Prozesse also Energieerhaltung, da $E = 0$. Wenn jetzt aber dieser Prozess genau am Ereignishorizont eines schwarzen Loches stattfindet, ist es den beiden entstandenen Teilchen nicht mehr möglich miteinander wechselzuwirken. Damit die Energieerhaltung $E = 0$ für diesen Prozess trotzdem gilt, muss das eine Teilchen also eine negative Energie besitzen. Hinweis: Dies ist nicht einfach mit einem $E < 0$ wie etwa in einem gebundenen Zustand im Potential gleichzusetzen. Vielmehr bedeutet dies auch eine „negative Masse" gemäß $E = mc^2$. Diese negative Energie/Masse wird vom schwarzen Loch absorbiert und trägt somit zum Energieverlust des schwarzen Loches bei. Wenn genügend negative Energie absorbiert wurde, kann das schwarze Loch „zerstrahlen".

Diejenigen virtuellen Teilchen, die aber mit $E > 0$ dem schwarzen Loch entkommen, sind die hier diskutierte Hawking Strahlung. Die energetische Verteilung dieser Strahlung entspricht nach Hawking der eines schwarzen Körpers mit einer Temperatur von

$$T_H = \frac{\hbar c^3}{8\pi\, G M k_B}, \qquad (4.49)$$

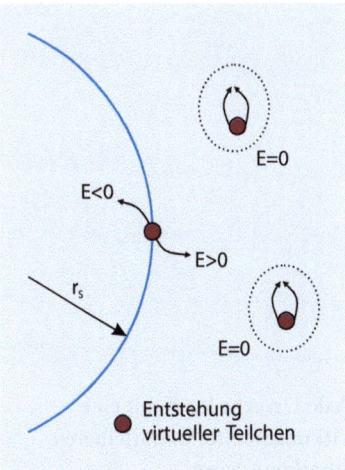

Abb. 4.19 Entstehung von Hawking-Strahlung am Ereignishorizont

wobei G die Gravitationskonstante und M die Masse des schwarzen Loches ist. Das interessante an dieser Temperatur ist die inverse Abhängigkeit von der Masse. Das führt dazu, dass die abgestrahlte Leistung $P(T) = \sigma_{SB} \cdot T^4$ für große schwarze Löcher sehr gering ist und für Messungen auf große Entfernungen also nicht zugängig ist.

Wenn nun aber ein schwarzes Loch eine kleine Masse hat, ist die abgestrahlte Leistung durchaus wichtig. In der Strahlungsbilanz haben wir dann einen Einstrom von Strahlung durch die kosmische Hintergrundstrahlung bei $T = 2{,}7\,\text{K}$ und die Abstrahlung der Hawking Strahlung. Wenn nun also $T_H > 2{,}7\,\text{K}$ wird, verliert das schwarze Loch kontinuierlich Energie. Dies ist der Fall für

$$M = \frac{\hbar c^3}{8\pi G k_B \cdot 2{,}7\,\text{K}} = 5 \cdot 10^{21}\,\text{kg}$$

mit einem dazu passenden Schwarzschildradius von $r_S = 7{,}4\,\mu\text{m}$. Man kann also zumindest beruhigt sein, dass hypothetische mikroskopische scharze Löcher in Teilchenbeschleunigern von selbst zerstrahlen.

4.5.2 EPR-Paradoxon

Das EPR-Paradoxon (Einstein-Podolski-Rosen) war ursprünglich darauf angelegt, die Unvollständigkeit der Quantenmechanik zu belegen. Um es vorweg zu nehmen: Das ist den drei Herren nicht gelungen. Das Paradoxon kann man am Beispiel eines Systems aus 2 Teilchen mit Spin veranschaulichen. Diese 2 Teilchen mit Spin up oder down sollen z. B. aus Annihilation entstehen und können so also nur den gemeinsamen Gesamtspin Null haben. Diese Teilchen sind also bezüglich des Spins verschränkt (Gesamtspin = 0, Einzelspins unbekannt). Diese zwei Teilchen kann man nun – ohne die Einzelzustände zu bestimmen – an beliebig entfernte Orte bringen. Würde man von Teilchen 1 oder 2 den Spin messen, bekommt man zu 50 % als Ergebnis jeweils Spin-up oder Spin-down. Diese Spinmessung von Teilchen 1 ist im Rahmen der Unschärferelation mit der Spinmessung von Teilchen 2 verknüpft – so dass man nicht beide Eigenschaften dieses Teilchenpaares gleichzeitig genau kennen kann. Das Paradoxon besteht nun aber darin, dass nach einer Messung von Teilchen 1 (das Ergebnis sei: Spin-up) genau bekannt ist, dass der Spin von Teilchen 2 Spin-down sein muss. Ohne jede Unsicherheit. Durch dieses Paradoxon scheint also die Unschärferelation ausgehebelt.

Letztenendes kann man dieses Argument entkräften, da die „Indirekte Schlussfolgerung" einer Eigenschaft mathematisch nicht mit einer „Quantenmechanischen Messung" gleichzusetzen ist. Diesbezüglich ist das Paradoxon also entkräftet. Es gibt aber noch eine weitere Folgerung dieser Sachlage: Der Spin des Teilchens 2 wird durch die Messung am Teilchen 1 festgelegt – und dies instantan und distanzunabhängig. Diese Verletzung des Lokalitätsprinzips,[4] veranlasste Einstein dazu, von einer spukhaften (im Sinne von „verflixten") Fernwirkung zu sprechen.

Das Ende dieser Geschichte lautet wie folgt: Alle Experimente und Messungen bestätigen bisher die Aussagen der Quantenmechanik, auch der Fernwirkung. Die Quantenmechanik ist, entgegen jedem rationalen Verständnis, eine nicht-lokale Theorie.

Folgt nun aus dieser Verschränkung eine Möglichkeit der überlichtschnellen Kommunikation? Leider nein, denn ohne dass das Ergebnis der Messung 1 auf klassischem Wege ($v \approx c$) an den Ort von Teilchen 2 gebracht wurde kann man aus dessen Messung keinen Informationsgehalt ziehen. Die Geschwindigkeit der Informationsübertragung bleibt auf die Lichtgeschwindigkeit beschränkt.

---

[4] Jede Ursache kann nur eine Wirkung in ihrer unmittelbaren Umgebung zeigen.

4.5.3 Ensemble-Interpretation der Quantenmechanik

Üblicherweise, wie auch in diesem Buch, wird die Quantenphysik bzw. genauer die Quantenmechanik mit der Bornschen Wahrscheinlichkeitsinterpretation eingeführt. Dabei wird das Quadrat der Wellenfunktion als Aufenthaltswahrscheinlichkeit gedeutet. Nun ist es aber so, dass die formal absolut erfolgreiche Quantenmechanik kein eindeutiges Modell als Wirklichkeitsbeschreibung bedingt. Allein die Rechnung bzw. die Vorhersage von Messungen sagt noch nichts über das „Wie" und „Warum" aus. Es gibt verschiedene Möglichkeiten die Rechnungen und Ergebnisse jeweils zu deuten. Die Wahrscheinlichkeitsinterpretation ist dabei Teil der sogenannten Kopenhagener Interpretation, welche historisch bedeutsam und relativ gut zugänglich ist.

Es gibt allerdings auch eine Vielzahl anderer ebenfalls gültiger Interpretationsansätze die jeweils auch verschiedene Stärken und Vorteile mit sich bringen können. Hier eine Übersicht dieser Deutungen vorzustellen, überschreitet jedoch den Rahmen dieses Buches. Als weitere wichtige und physikalisch konsistente Interpretation soll nur kurz die Ensemble-Interpretation vorgestellt werden.

Als Ensemble wird hierbei die Summe eine Vielzahl von gleich präparierten Systemen verstanden. Dies kann man wie in der statistischen Physik verstehen, wonach in einem Vielteilchensystem die Wahrscheinlichkeiten immer nur Aussagen über das Ensemble – nicht jedoch über einzelne Teilchen zulassen. Demnach kann man nun auch eine Messung an einem Quantensystem wie folgt deuten: Weil eine große Zahl an Systemen vorliegt, sind auch die möglichen Zustände (die es zu messen gilt) bereits bei einer Auswahl davon realisiert. Der Messprozess bringt nun jeweils genau diese Zustände hervor. Es ist hier also kein „Kollaps der Wellenfunktion" nötig, der die Kopenhagener Interpretation etwas problematisch bei der Erklärung einer Messung macht. Die Ensemble-Interpretation besagt demnach, dass man den konkreten vollständigen Zustand eines Objektes nicht kennen kann, sondern nur Aussagen über ein Ensemble solcher Objekte treffen kann. Damit gehört diese Interpretation zur Klasse der Verborgene-Variablen-Interpretationen.

Demonstrationsexperimente

Inhaltsverzeichnis

5.1   Relativität – 106

5.2   Quantenphysik – 107

© Der/die Autor(en), exklusiv lizenziert an Springer-Verlag GmbH, DE, ein Teil von Springer Nature 2025
M. Himpel, *Relativität und Quantenphysik für das Lehramt Physik*,
https://doi.org/10.1007/978-3-662-70815-6_5

Hier wird eine Auswahl an Demonstrationsexperimenten vorgestellt. Die Experimente sind alle Teil der Vorlesungssammlung an der Universität Greifswald. Es werden bewusst nur Experimente vorgestellt, die eventuell auch Teil einer Schulsammlung sein können und nicht zu komplex oder zu kostenintensiv sind. Die Beschreibung beschränkt sich auf das Nötigste um die Effekte und die vermittelten Erkenntnisse in den Vordergrund zu stellen. Die konkreten Versuchsbeschreibungen sind ggf. bei den Herstellern selbst zu erfragen. Auch die Sicherheitshinweise können sich bei optisch ähnlichen Versuchsmodellen unterscheiden und müssen stets beachtet werden!

5.1 Relativität

5.1.1 Raumkrümmung mit Sektormodellen

Die spezielle Relativitätstheorie trifft Aussagen zu großen Geschwindigkeiten, die allgemeine Relativität zu enormen Entfernungen und Massen. Beides ist für Demonstrationsexperimente kaum zugänglich. Für das schulische Niveau empfehle ich zumindest die Darstellung der Raumkrümmung durch sogenannte Sektormodelle [44, 45]. Dabei können die SuS durch Basteln mit Papier und Schere gewissermaßen selbst erfahren wie ein gekrümmter Raum aus einer Geraden eine gekrümmte Geodäte werden lässt. In ◘ Abb. 5.1 ist dies veranschaulicht. Die lokal flachen Sektoren werden an der jeweiligen Kannte aneinandergelegt wie im linken Bild. Durch diesen „flachen Raum" kann man nun eine Gerade einzeichnen. Wenn der Raum nun aber gekrümmt ist und damit so angeordnet wird wie im rechten Bild, ergibt sich eine gebogene Geodäte. Das Beispiel stellt die Äquatorialebene um ein schwarzes Loch mit Schwarzschild-Metrik dar.

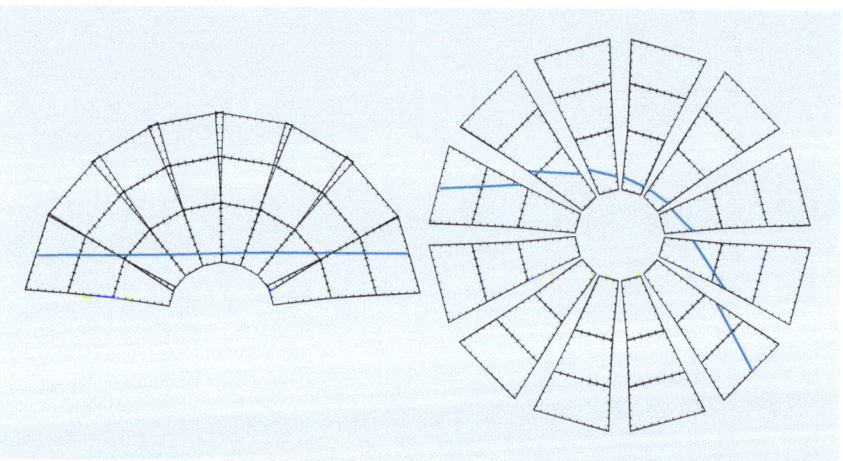

◘ Abb. 5.1 Beispiel für das Sektorenmodell. Dargestellt ist der Raum um ein schwarzes Loch. (links) Die gerade Linie verläuft im „lokal flachen" Raum als Gerade. (rechts) In der gekrümmten Raumzeit des schwarzen Loches erkennt man diese Gerade nun als Kurve bzw. Geodäte. Bearbeitet nach [46]

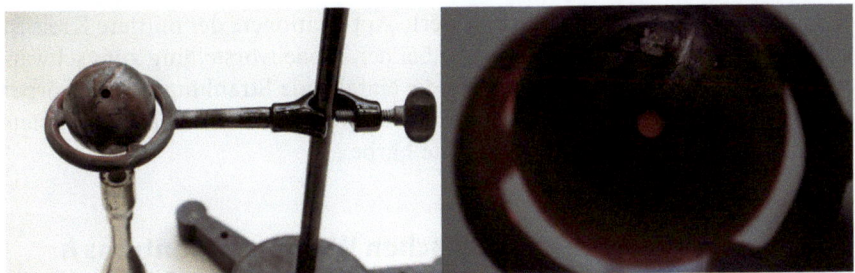

Abb. 5.2 (links) Eisenkugel mit Bohrung bei Zimmertemperatur: Die Bohrung absorbiert das Licht und erscheint dunkel im Vergleich zur Oberfläche. (rechts) Die Kugel wurde einige Minuten lang erhitzt bis zur Rotglut. Die Bohrung emittiert nun mehr Licht als die Oberfläche

5.2 Quantenphysik

5.2.1 Hohlraum

Man kann mit diesem einfachen Experiment zeigen, dass ein Hohlraum in einem Körper tatsächlich ein guter Emitter ist. Dafür kann man die Metallkugel aus Abb. 5.2 zeigen und darauf hinweisen, dass das Loch in der Kugel stets dunkler erscheint als die übrige Oberfläche der Kugel. Im zweiten Schritt wird die Metallkugel mit einem Gasbrenner stark erhitzt. Wenn das Metall beginnt zu glühen, ist es sehr deutlich sichtbar, dass die vormals dunkle Bohrung nun deutlich heller ist als die umgebende Oberfläche. Es dauert einige Zeit (ca. 15 min) bis die Kugel die nötige Temperatur aufweist. Der Versuch muss also zeitlich entsprechend vorbereitet werden.

5.2.2 Schwarzer Körper

In Abb. 5.3 ist der Eigenbau zur Demonstration eines schwarzen Körpers zu sehen. Er besteht aus einem schwarz lackierten Innernraum mit schwarzen absorbierenden Elementen (Stoff, Pappe usw.). Wenn man den Körper verschlossen hat, blickt man an der Vorderseite auf drei hervorgehobene schwarze Kreise.

Abb. 5.3 (links) Die Kiste ist mit einem Loch in der Mitte und zwei aufgemalten Kreisen versehen. Das Loch erscheitn dunkler als die bemalten Flächen. (rechts) Geöffnete Kiste mit beliebigem Absorbermaterial

Die äußeren Kreise sind schwarz lackierte Applikationen, der mittlere Kreis ist eine Bohrung in den Innenraum. Wie bei der Modellvorstellung zum schwarzen Körper sieht man auch hier, dass die einfallende Strahlung in den Körper nahezu vollständig absorbiert wird – die Bohrung in den Hohlraum ist stets „schwärzer" als die außen aufgebrachte Farbe.

5.2.3 Bestimmung des Planck'schen Wirkungsquantums h

Das Planck'sche Wirkungsquantum ist eine allgegenwärtige Konstante in der Quantenphysik. Die Bestimmung mit einer kommerziellen Photozelle aus dem Lehrmittelbedarf ist anschaulich aber auch sehr teuer. Ich möchte hier eine preisgünstige alternative Methode durch Strom- und Spannungsmessungen an verschiedenen LEDs vorstellen. Die Bestimmung des Wirkungsquantums beruht darauf, dass man durch die Funktionsweise einer LED beim jeweiligen Spannungsabfall U_{LED} eine Lichtemission der Energie $h \cdot \nu$ erzeugt wird. Es muss also

$$e \cdot U_{\text{LED}} = h \cdot \nu = \frac{h \cdot c}{\lambda}$$

gelten. Man sieht hier, dass zwischen der Spannung und dem Term $h \cdot c/(\lambda \cdot e)$ ein linearer Zusammenhang besteht mit der Proportionalitätskonstante h. Durch grafische Darstellung für i verschiedene LEDs von $U_{\text{LED},i}$ und $h \cdot c/(\lambda_i \cdot e)$ kann man durch Regression das Wirkungsquantum ermitteln.

> **Versuchsablauf und Beobachtungen**
> Material: Es sind wie in ◘ Abb. 5.4 gezeigt zwei Multimeter, eine Spannungsquelle, LEDs verschiedener Wellenlängen und Vorwiderstände im Bereich von ca. 100 Ω bis 300 Ω nötig. Die LEDs sollten idealerweise eine vergleichbar große Leuchtstärke besitzen (◘ Abb. 5.5).

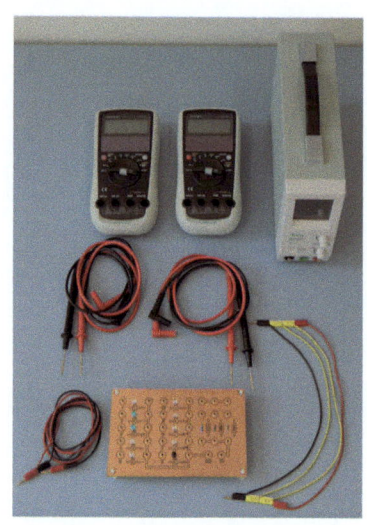

◘ **Abb. 5.4** Mit einfachen Mitteln ist durch bekannte LED-Wellenlängen die Bestimmung des Wirkungsquantums möglich

5.2.4 Photoeffekt mit dem Elektrometer

Man kann den Photoeffekt qualitativ gut mit einem Elektrometer demonstrieren. Kern des Versuches ist eine negativ vorgeladene Zinkplatte, die durch Bestrahlung aus einer UV-Lichtquelle Elektronen abgibt.

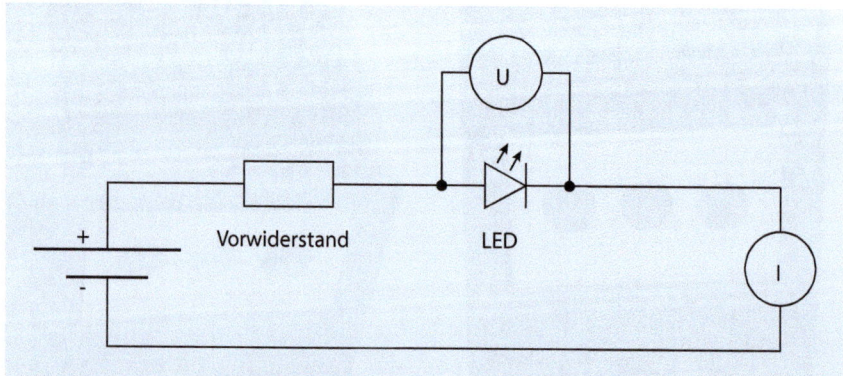

◘ **Abb. 5.5** Der Spannungsabfall über einer LED wird gemessen. Die Spannungsquelle wird so angepasst, dass ein für alle LEDs identischer Stromfluss registriert wird

Versuchsablauf und Beobachtungen

Zink-Platte: Im Zuge der Vorbereitung muss die Zinkplatte von einer eventuell vorhandenen Oxidschicht befreit werden. Dazu muss der Zielbereich der Strahlung mit Scheuermittel o. ä. bis zum Spiegelglanz gereinigt werden.

UV-Lichtquelle: Als UV-Lichtquelle dient eine Quecksilber-Dampflampe. Diese hat in der Regel eine gewisse Vorwärmzeit und sollte mehrere Minuten vor Versuchsbeginn eingeschaltet werden. Für den Photoeffekt bei einer Zinkplatte ist es nötig, dass die UV-Wellenlänge der Lampe auch aus dem Lampenkörper austreten können. Bitte vor dem Versuch prüfen, ob diese Wellenlänge eventuell durch ein Filterglas blockiert wird. Wenn die UV-Strahlung wie gewünscht austritt, muss auf jeden Fall auf entsprechende Sicherheitsmaßnahmen wie z. B. Schutzbrillen geachtet werden.

Aufladen der Platte: Wie in ◘ Abb. 5.6 gezeigt, kann man mit einem Kunststoffstab, an dem ein Lederlappen gerieben wurde, einen negativen Ladungsüberschuss auf die Platte transportieren. Dies wird sofort durch einen Zeigerausschlag des Elektrometers angezeigt.

Ladungsabfluss durch Berührung: Wenn man die Platte wie in ◘ Abb. 5.7 (links) berührt, fließen die überschüssigen negativen Ladungen durch den Körper ab und der Zeigerausschlag geht direkt wieder an den Ursprung zurück.

Photoeffekt bei negativ geladener Platte: Wenn die Zinkplatte wie in ◘ Abb. 5.7 (rechts) der UV-Strahlung ausgesetzt wird, beobachtet man die Verringerung des Zeigerausschlages – und damit auch der Ladungsmenge auf der Zinkplatte. Wenn die UV-Strahlung blockiert wird, z. B. durch eine Holzplatte, bleibt der Zeigerausschlag und die Ladungsmenge auf der Zinkplatte konstant.

Kein Photoeffekt bei positiv geladener Platte: Zunächst die Zinkplatte erden um ggf. noch vorhandene Ladungen abzuleiten. Dann kann man durch Reiben von Zeitungspapier an einem Glasstab positive Ladungen an die Zinkplatte übertragen. Das Elektrometer wird dies wieder durch einen Zeigerausschlag anzeigen. Der Photo-Effekt ermöglicht es, Elektronen aus einem Material herauszulösen sofern die Austrittsarbeit nicht zu groß ist. Im Falle ei-

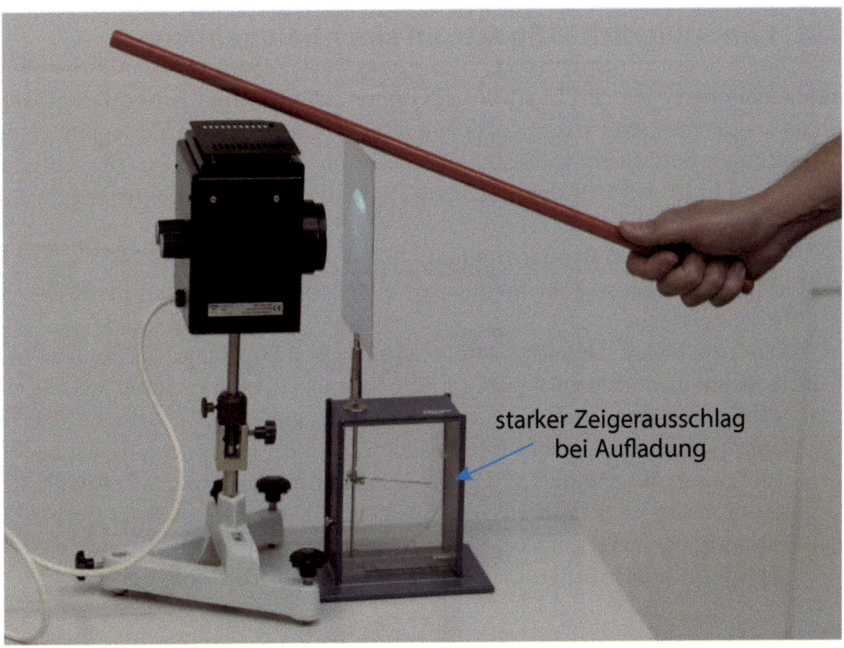

◘ **Abb. 5.6** Durch das Aufbringen negativer Ladungen auf die Metallplatte lädt sich diese auf. Der Zeiger des Elektrometers zeigt einen starken Ausschlag

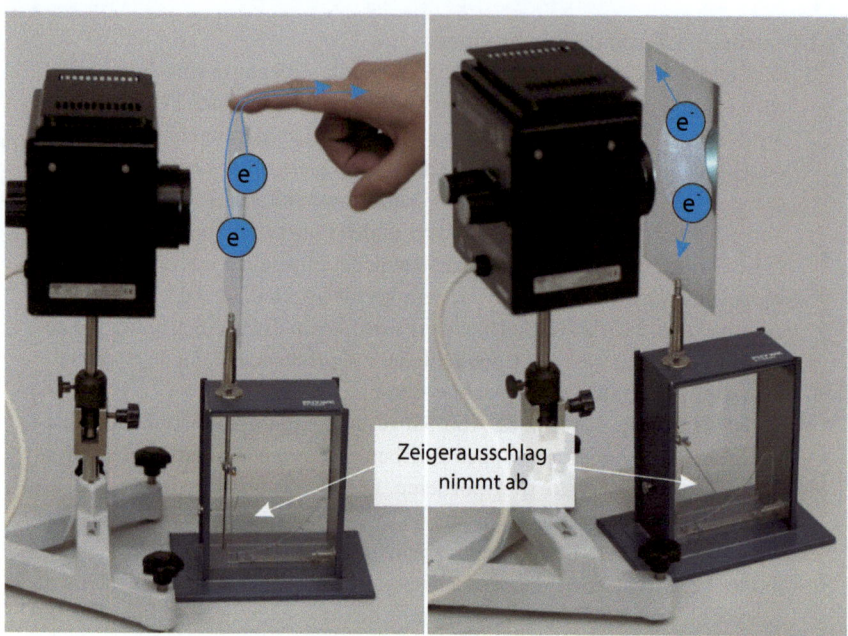

Abb. 5.7 (links) Durch Berührung der negativ aufgeladenen Platte fließen die Ladungen durch den Körper ab. (rechts) Durch die Strahlung der Quecksilber-Lampe werden die Elektronen durch den Photoeffekt von der Platte entfernt. In beiden Fällen nimmt der Zeigerausschlag entsprechend ab

ner positiv geladenen Zink-Platte gibt es bereits einen Elektronenmangel. Die Elektronen, die durch die UV-Strahlung entsprechend dem Photoeffekt herausgelöst werden, haben nicht genug Energie um der elektrostatischen Anziehung der Zink-Platte zu entkommen. Dies zeigt sich im Experiment: Der Zeigerausschlag am Elektrometer verändert sich bei UV-Einstrahlung nicht.

5.2.5 Kontinuierliches Spektrum einer Halogenlampe

Halogenlampen erzeugen Licht durch Glühemission. Damit wird quasi Strahlung wie die eines schwarzen Körpers emittiert. Die spektrale Zerlegung zeigt im sichtbaren Bereich ein vollständiges Spektrum. In ◘ Abb. 5.8 ist der Aufbau gezeigt und in ◘ Abb. 5.9 sieht man eine Nahaufnahme des Spektrums.

> **Versuchsablauf und Beobachtungen**
> Lichtquelle: Die gewählte Strahlungsquelle muss ein kontinuierliches Spektrum emittieren.
> Blende bzw. Fokus: Je nach Lichtquelle ist eine Blende und/oder eine Sammellinse nötig, um einen möglichst gebündelten und intensiven Strahl auf das Prisma zu lenken.
> Prisma: Man kann hierbei auf normale Prismen oder Geradsichtprismen zurückgreifen. Beim normalen Prisma wie in ◘ Abb. 5.8 wird der in Spektrallinien zerlegte Strahl unter einem bestimmten Winkel austreten. Beim Geradsichtprisma – im Wesentlichen drei normale Prismen hintereinander – tritt das Linienspektrum in der gleichen Richtung aus wie auch der einfallende Strahl.

5.2 · Quantenphysik

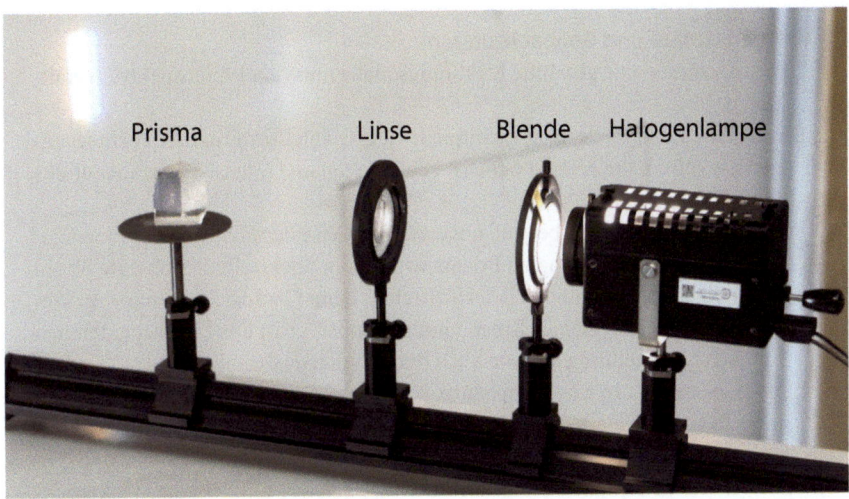

◘ **Abb. 5.8** Die Strahlung einer Halogenlampe wird durch eine Blende geleitet, durch eine Linse fokussiert und schließlich durch ein Prisma in seine spektralen Bestandteile zerlegt

Spektrum: In einem abgedunkelten Raum kann man nun das Spektrum an einer idealerweise weißen Fläche abbilden. Wie in der Nahaufnahme in ◘ Abb. 5.9 zu sehen, ist das Spektrum vollständig und nicht durch dunkle Bereiche unterbrochen. Eventuell bietet sich der Einsatz einer Dokumentenkamera an um die Linien für alle SuS sichtbar zu machen.

5.2.6 Linienspektrum einer Quecksilberlampe

Quecksilberdampflampen oder auch alle anderen Linienstrahler (Natriumdampflampe, He-Ne-Laser, usw.) lassen sich mit einem Prisma in die spektralen Bestandteile zerlegen. Bei unserem Demonstrationsversuch in ◘ Abb. 5.10 arbeiten wir mit einer sogenannten Quecksilber-Höchstdrucklampe.

◘ **Abb. 5.9** Das kontinuierliche Halogen-Spektrum ist nicht durch dunkle Bereiche unterbrochen und umfasst den gesamten sichtbaren Spektralbereich

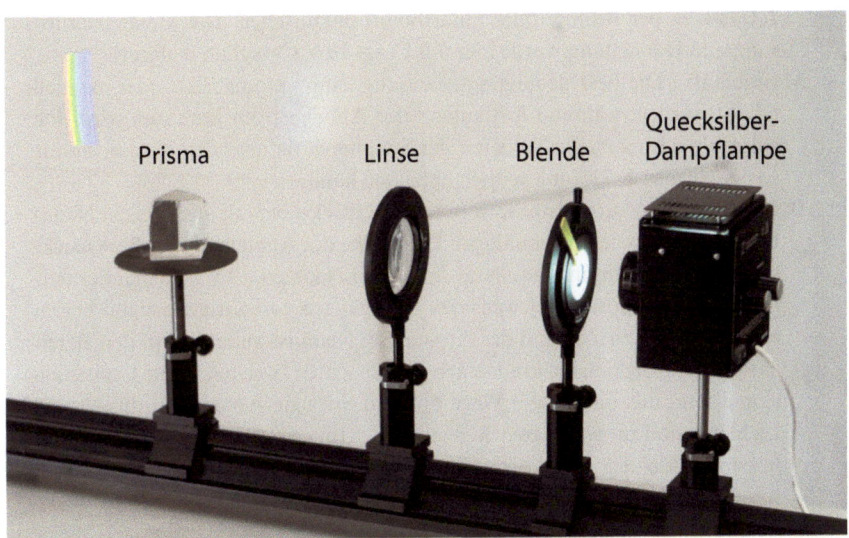

◘ **Abb. 5.10** Die Strahlung einer Quecksilberdampflampe wird durch eine Blende geleitet, durch eine Linse fokussiert und schließlich durch ein Prisma in seine spektralen Bestandteile zerlegt

> **Versuchsablauf und Beobachtungen**
>
> Linienstrahler: Die gewählte Strahlungsquelle muss ein Linienspektrum emittieren.
>
> Blende bzw. Fokus: Je nach Lichtquelle ist ggf. eine Blende und/oder eine Sammellinse nötig, um einen möglichst gebündelten und intensiven Strahl auf das Prisma zu lenken.
>
> Prisma: Man kann hierbei auf normale Prismen oder Geradsichtprismen zurückgreifen. Beim normalen Prisma wird der in Spektrallinien zerlegte Strahl unter einem bestimmten Winkel austreten. Beim Geradsichtprisma – im Wesentlichen drei normale Prismen hintereinander – tritt das Linienspektrum in der gleichen Richtung aus wie auch der einfallende Strahl.
>
> Linienspektrum: In einem abgedunkelten Raum kann man nun die Spektrallinien an einer idealerweise weißen Fläche abbilden. Es sind wie in der Nahaufnahme in ◘ Abb. 5.11 farbig leuchtende Linien, unterbrochen von dunklen Bereichen, zu beobachten. Eventuell bietet sich der Einsatz einer Dokumentenkamera an um die Linien für alle SuS sichtbar zu machen.

◘ **Abb. 5.11** Im Hg-Spektrum sind gut einzelne Spektrallinien zu erkennen, die durch dunkle Bereiche unterbrochen werden

5.2.7 Franck-Hertz-Versuch

Mit dem Franck-Hertz-Versuch kann man nachweisen, dass Atome Energien nur in bestimmten Energie-Portionen (Quanten) absorbieren können. Der Aufbau ist sehr komplex und wird daher mit (kostenintensiven) Sets der üblichen Lehrmittelhersteller realisiert. Es gibt diese Sets auf Basis einer Quecksilberdampf-Röhre (historisch gesehen authentisch) oder einer Neon-Röhre.

> **Versuchsablauf und Beobachtungen**
>
> Aufbau: Der Versuch (siehe ◘ Abb. 5.12) besteht aus einer regelbaren Spannungsquelle, die die Beschleunigungsspannung U_B bereitstellt. Das Experiment („Franck-Hertz-Gerät", links im Bild) selbst erzeugt, abhängig von der Beschleunigungsspannung, einen Stromfluss I an der Anode. Der sehr kleine Stromfluss muss durch einen Messverstärker verstärkt werden und kann dann ausgelesen werden. Es bietet sich an, die Beschleunigungsspannung und den Anodenstrom mit digitaler Messtechnik zu erfassen und direkt als Funktion $I(U_B)$ z. B. per Beamer oder Smartboard darzustellen. Die Messwerterfassung und Darstellung wurde hier mit Cassy bzw. CassyLab realisiert.
>
> Messablauf: Die Beschleunigungsspannung kann automatisiert oder manuell erhöht werden, während fortlaufend der Anodenstrom gemessen wird. Ich empfehle das manuelle Variieren der Spannung, da man den Kurvenverlauf so der eigenen Erklärung zeitlich anpassen kann.
>
> Beobachtung: Man erkennt sowohl bei der Quecksilber- als auch bei der Neon-Röhre die typischen regelmäßigen Einbrüche des Anodenstroms. Bei Quecksilber sind die Minima jeweils ca. 4,9 V, bei Neon ca. 19 V voneinander entfernt. Diese entsprechen jeweils den Übergängen vom Grundzustand in den ersten angeregten Zustand der Atome. Bei Neon ist außerdem in den Bereichen der Absorption ein orangefarbenes Leuchten zu sehen. Diese Lichtemission erfolgt auf indirektem Wege durch mehrfache Abregungen bis es eine Lichtemission im sichtbaren Bereich gibt. Hinweis: Die Leuchterscheinung findet auf kleinem Raum statt und muss mit technischen Mitteln vergrößert werden (Dokumentenkamera, Makrokamera).

5.2 · Quantenphysik

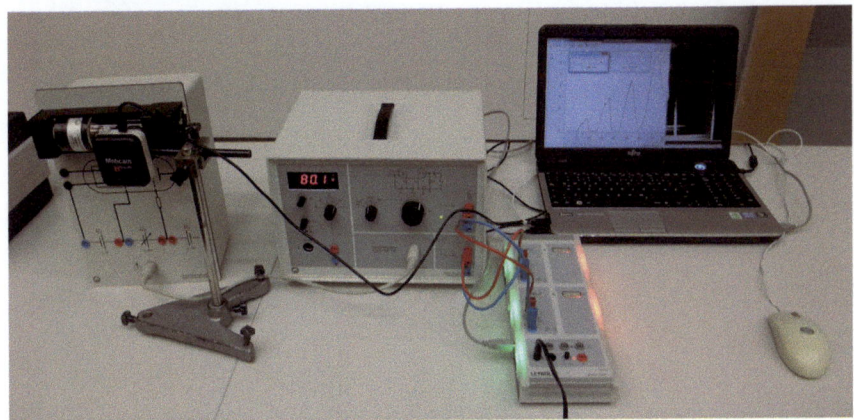

Abb. 5.12 Versuchsaufbau zum Franck-Hertz-Versuch

5.2.8 Röntgenröhre

Röntgenröhren sind leider nicht im Eigenbau herzustellen und man muss daher auf die Lehrmittelhersteller zurückgreifen. Die Erweiterungsmöglichkeiten für Zusatzexperimente wie verschiedene Anodenmaterialien sind, genau wie der Grundversuch, sehr kostenintensiv. Eine Anschaffung ist meist nur im Rahmen der Erstausstattung möglich. Dennoch ist Röntgenstrahlung bei den SuS sehr bekannt und es gibt oft bereits Vorerfahrungen in der medizinischen Anwendung. Das bekannteste Merkmal ist die Fähigkeit, Material zu durchdringen und damit innere Strukturen wie Knochen oder Metall im menschlichen Körper sichtbar zu machen. Auch das kann man mit den Röhren der Lehrmittelhersteller anschaulich vorführen.

Versuchsablauf und Beobachtungen

Anfertigen eines Röntgenbildes: Die Röntgenröhren können mit einem fluoreszierenden Schirm ausgestattet werden (siehe Abb. 5.13). Damit wird wie beim medizinischen Röntgen die das Objekt durchdringende Strahlung sichtbar gemacht. Das Bild ist nur in abgedunkelter Umgebung zu erkennen. Empfehlenswert ist es, vorher eine Kamera für die Darstellung des Röntgenbildes vorzubereiten.

Variation des Anodenmaterials: Mit austauschbaren Anoden kann man durch Bragg die Röntgenspektren verschiedener Materialien bestimmen. In Abb. 5.14 ist die entsprechende Aufnahme der Spektren gezeigt.

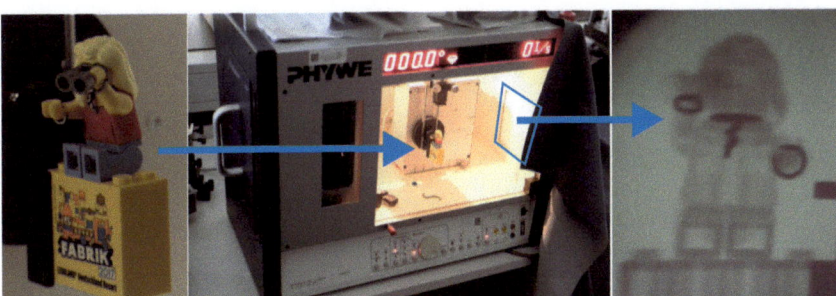

Abb. 5.13 Der Röntgenversuch von PHYWE. Die Versuchsperson trägt zwei Armreife aus Bleidraht und eine Halskette. Im Röntgenbild sind die Bleiobjekte deutlich zu erkennen und der Kunststoff wird größtenteils durchdrungen

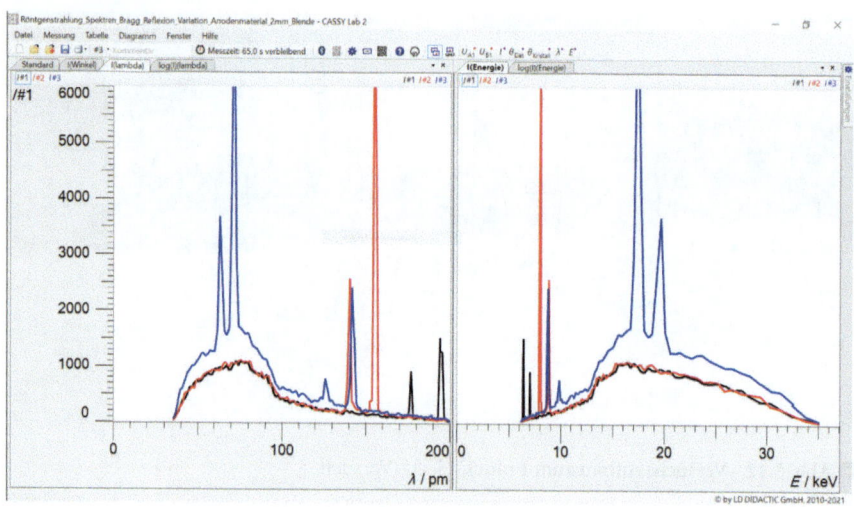

Abb. 5.14 Röntgenspektren für Molybdän (blau), Eisen (rot) und Kupfer (schwarz). Im linken Bild ist das Spektrum über die Wellenlänge, im rechten Bild über die Energie aufgetragen. Dargestellt in CASSY Lab 2

Anfertigen eines Röntgenspektrums: Das Spektrum der Röntgenstrahlung kann man mittels Drehkristallmethode (Bragg-Streuung) bestimmen. Dazu braucht man ein zum Versuch passendes Modul wie in Abb. 5.13. Der Drehwinkel kann meist motorisiert variiert werden, womit man am Detektor die Intensität der Röntgenstrahlung einer bestimmten Wellenlänge messen kann. Das Spektrum kann so vollautomatisch aufgezeichnet und auch direkt dargestellt werden. In Abb. 5.14 sind die Spektren für Molybdän (blaue Linie), Eisen (rote Linie) und Kupfer (schwarze Linie) dargestellt. Die kontinuierliche Form der Bremsstrahlung und die Peaks der charakteristischen Strahlung sind gut erkennbar.

Serviceteil

Literatur – 116

Stichwortverzeichnis – 119

© Der/die Autor(en), exklusiv lizenziert an Springer-Verlag GmbH,
DE, ein Teil von Springer Nature 2025
M. Himpel, *Relativität und Quantenphysik für das Lehramt Physik*,
▶ https://doi.org/10.1007/978-3-662-70815-6

Literatur

1. Fließbach, T. (2016). *Allgemeine Relativitätstheorie* (7. Aufl). SpringerLink Bücher. Springer Spektrum. ISBN 9783662531068. ▶ http://dx.doi.org/10.1007/978-3-662-53106-8.
2. Stillert, A. (2019). *Allgemeine Relativitätstheorie und Schwarze Löcher: eine Einführung für Lehramtsstudierende*. Springer Spektrum. ISBN 3658250992.
3. Filk, T. *Spezielle und Allgemeine Relativitätstheorie*. Vorlesungsskript. Version 03.02.2015.
4. Michelson, A. A., & Laue, M. v. (1931). Die Relativbewegung der Erde gegen den Lichtäther. *Naturwissenschaften, 19,* 779–784.
5. Einstein, A. (1905). Zur Elektrodynamik bewegter Körper. *Annalen der Physik, 322*(10):891–921. ▶ https://doi.org/10.1002/andp.19053221004. ▶ https://onlinelibrary.wiley.com/doi/abs/10.1002/andp.19053221004.
6. Fließbach, T. (2016). *Allgemeine Relativitätstheorie* (Bd. 9–14, 7. Aufl.). SpringerLink Bücher. Springer Spektrum. ISBN 9783662531068. ▶ http://dx.doi.org/10.1007/978-3-662-53106-8.
7. Hafele, J. C. & Keating, R. E. (1972). Around-the-world atomic clocks: Predicted relativistic time gains. *Science, 177*(4044), 166–168. ▶ https://doi.org/10.1126/science.177.4044.166. ▶ https://www.science.org/doi/abs/10.1126/science.177.4044.166.
8. Halliday, D., Resnick, R., Walker, J., & Koch, S. W. (2018). *Halliday Physik; Dritte, vollständig überarbeitete und erweiterte Auflage*. Wiley-VCH. ISBN 978-3-527-80576-1. ▶ https://reserves.ub.rwth-aachen.de/record/137735. Online-Ressource über KatalogPlus der Universitätsbibliothek RWTH Aachen innerhalb des RWTH-Netzes verfügbar!
9. Demtröder, W. (2018). *Experimentalphysik 1* (8. Aufl.). Lehrbuch. Springer Spektrum. ISBN 978-3-662-54847-9. ▶ https://doi.org/10.1007/978-3-662-54847-9. ▶ http://dx.doi.org/10.1007/978-3-662-54847-9.
10. Tipler, P. A., & Mosca, G. (2009). *Physik für Wissenschaftler und Ingenieure* (2. Aufl). Spektrum Akademischer.
11. Meschede, D. (2015). *Gerthsen Physik* (25. Aufl.). Springer.
12. Will, C. M. (2014). The confrontation between general relativity and experiment. *Living Reviews in Relativity.* ▶ https://doi.org/10.12942/lrr-2014-4
13. Einstein, A. (1916). Die Grundlage der allgemeinen Relativitätstheorie. *Annalen der Physik, 354*(7), 769–822. ▶ https://doi.org/10.1002/andp.19163540702. ▶ https://onlinelibrary.wiley.com/doi/abs/10.1002/andp.19163540702.
14. Dyson, F. W., Eddington, A. S., & Davidson, C. (1920). A determination of the deflection of light by the sun's gravitational field, from observations made at the total eclipse of May 29, 1919. *Philosophical Transactions of the Royal Society of London. Series A, Containing Papers of a Mathematical or Physical Character, 220,* 291–333. ISSN 02643952. ▶ http://www.jstor.org/stable/91137.
15. Schwarzschild, K. (Jan. 1916). Über das Gravitationsfeld eines Massenpunktes nach der Einsteinschen Theorie. *Sitzungsberichte der Koniglich Preussischen Akademie der Wissenschaften, 3,* 189–196.
16. Pound, R. V., & Snider, J. L. (Nov. 1965). Effect of gravity on gamma radiation. *Physical Review, 140,* B788–B803. ▶ https://doi.org/10.1103/PhysRev.140.B788. ▶ https://link.aps.org/doi/10.1103/PhysRev.140.B788.
17. Einstein, A., & Rosen, N. (Jul 1935). The particle problem in the general theory of relativity. *Physical Review, 48,* 73–77. ▶ https://doi.org/10.1103/PhysRev.48.73. ▶ https://link.aps.org/doi/10.1103/PhysRev.48.73.
18. Blázquez-Salcedo, J. L., Knoll, C., & Radu, E. (Mar 2021). Traversable Wormholes in Einstein-Dirac-Maxwell Theory. *Physical Review Letters, 126,* 101102. ▶ https://doi.org/10.1103/PhysRevLett.126.101102. ▶ https://link.aps.org/doi/10.1103/PhysRevLett.126.101102.
19. Maldacena, J., & Milekhin, A. (2021). Humanly traversable wormholes. *Physical Review D, 103,* 066007. ▶ https://doi.org/10.1103/PhysRevD.103.066007. ▶ https://link.aps.org/doi/10.1103/PhysRevD.103.066007.
20. AllenMcC. (2007). ▶ https://commons.wikimedia.org/wiki/File:Alcubierre.png. CC3.0.
21. Alcubierre, M. (1994). The warp drive: Hyper-fast travel within general relativity. *Classical and Quantum Gravity, 11*(5), L73–L77. ▶ https://doi.org/10.1088/0264-9381/11/5/001. ▶ https://doi.org/10.1088/0264-9381/11/5/001.
22. Bobrick, A., & Martire, G. (2021). Introducing physical warp drives. *Classical and Quantum Gravity, 38*(10), 105009. ▶ https://doi.org/10.1088/1361-6382/abdf6e. ▶ https://doi.org/10.1088%2F1361-6382%2Fabdf6e.
23. Gödel, K. (1949). An example of a new type of cosmological solutions of einstein's field equations of gravitation. *Reviews of Modern Physics, 21,* 447–450. ▶ https://doi.org/10.1103/RevModPhys.21.447. ▶ https://link.aps.org/doi/10.1103/RevModPhys.21.447.

Literatur

24. Rubin, V. C., & Ford, J., Kent, W. (1970). Rotation of the andromeda nebula from a spectroscopic survey of emission regions. *The Astrophysical Journal, 159*, 379. ▶ https://doi.org/10.1086/150317.
25. Adams, C. B., Aggarwal, N., & A. A. et al. (2023). Axion Dark Matter.
26. Adhikari, R., Agostini, M., & Ky, N. A. et al. (2017). A White Paper on keV sterile neutrino Dark Matter. *Journal of Cosmology and Astroparticle Physics, 1*,025–025. ISSN 1475-7516. ▶ https://doi.org/10.1088/1475-7516/2017/01/025. ▶ http://dx.doi.org/10.1088/1475-7516/2017/01/025.
27. Viel, M., Lesgourgues, J., Haehnelt, M. G., Matarrese, S., & Riotto, A. (2006). Can sterile neutrinos be ruled out as warm dark matter candidates? *Physical Review Letters, 97*, 071301. ▶ https://doi.org/10.1103/PhysRevLett.97.071301. ▶ https://link.aps.org/doi/10.1103/PhysRevLett.97.071301.
28. Joyce, A., Lombriser, L., & Schmidt, F. (2016). Dark energy versus modified gravity. *Annual Review of Nuclear and Particle Science, 66*(1), 95–122. ▶ https://doi.org/10.1146/annurev-nucl-102115-044553. ▶ https://doi.org/10.1146/annurev-nucl-102115-044553.
29. McGaugh, S. S., Lelli, F., & Schombert, J. M. (2016). Radial acceleration relation in rotationally supported galaxies. *Physical Review Letters, 117*, 201101. ▶ https://doi.org/10.1103/PhysRevLett.117.201101. ▶ https://link.aps.org/doi/10.1103/PhysRevLett.117.201101.
30. Verlinde, E. P. (2017). mergent gravity and the dark universe. *SciPost Physics, 2*, 016. ▶ https://doi.org/10.21468/SciPostPhys.2.3.016. ▶ https://scipost.org/10.21468/SciPostPhys.2.3.016.
31. Amendola, L., & Quercellini, C. (2003). Tracking and coupled dark energy as seen by the Wilkinson Microwave Anisotropy Probe. *Physical Review D, 68*, 023514. ▶ https://doi.org/10.1103/PhysRevD.68.023514. ▶ https://link.aps.org/doi/10.1103/PhysRevD.68.023514.
32. Coward, H. F. (1927). John Dalton (b. 1766, d. 1844). The early years of the atomic theory as illustrated by Dalton's own note-books and lecture diagrams. His apparatus. *Journal of Chemical Education, 4*(1), 23. ▶ https://doi.org/10.1021/ed004p23. ▶ https://doi.org/10.1021/ed004p23.
33. Andrade, E. da C. (1964). *Rutherford and the Nature of the Atom.* ▶ https://books.google.de/books?id=VVoeXNceuVwC.
34. Demtröder, W. (2016). *Entwicklung der Atomvorstellung* (S. 9–70). Springer. ISBN 978-3-662-49094-5. ▶ https://doi.org/10.1007/978-3-662-49094-5_2. ▶ https://doi.org/10.1007/978-3-662-49094-5_2.
35. Demtröder, W. (2016). *Entwicklung der Quantenphysik* (S. 71–112). Springer. ISBN 978-3-662-49094-5. ▶ https://doi.org/10.1007/978-3-662-49094-5_3. ▶ https://doi.org/10.1007/978-3-662-49094-5_3.
36. Bronstein, I. N., Semendjajew, K. A., Musiol, G., & Mühlig, H. (2001). *Taschenbuch der Mathematik.* Verlag Harri Deutsch.
37. Einstein, A. (1905). Über einen die Erzeugung und Verwandlung des Lichtes betreffenden heuristischen Gesichtspunkt. *Annalen der Physik, 322*(6), 132–148. ▶ https://doi.org/10.1002/andp.19053220607. ▶ https://onlinelibrary.wiley.com/doi/abs/10.1002/andp.19053220607.
38. Nemschockmichal, S. (2022). *Röntgenversuch Vorlesungssammlung.*
39. Friedrich, F., Knipping, P., & Laue, M. (1913). Interferenzerscheinungen bei Röntgenstrahlen. *Annalen der Physik, 346*(10), 971–988. ▶ https://doi.org/10.1002/andp.19133461004. ▶ https://onlinelibrary.wiley.com/doi/abs/10.1002/andp.19133461004.
40. de Broglie, L. (1924). *Recherches sur la théorie des Quanta.* Theses, Migration – université en cours d'affectation. ▶ https://theses.hal.science/tel-00006807.
41. Logiurato, F. (2014). Relativistic Derivations of de Broglie and Planck-Einstein Equations. *Journal of Modern Physics, 5*(1), 1–7.
42. Nemschockmichal, S. (2023). *Franck-Hertz-Versuch von PHYWE, Vorlesungssammlung.*
43. Evan, U. (2024). plotHydrogenAtomMolecularOrbital.m. ▶ https://www.mathworks.com/matlabcentral/fileexchange/44604-plot-hydrogen-atom-molecular-orbital.
44. Zahn, C., & Kraus, U. (2024). Sector models-A toolkit for teaching general relativity: I. Curved spaces and spacetimes. *European Journal of Physics, 35*(5), 055020. ▶ https://doi.org/10.1088/0143-0807/35/5/055020. ▶ https://dx.doi.org/10.1088/0143-0807/35/5/055020.
45. Zahn, C., & Kraus, U. (2018). Sector models-a toolkit for teaching general relativity: II. Geodesics. *European Journal of Physics, 40*(1), 015601. ▶ https://doi.org/10.1088/1361-6404/aae3b7. ▶ https://dx.doi.org/10.1088/1361-6404/aae3b7.
46. Zahn, C., & Kraus, U. (2018). Sector models-A toolkit for teaching general relativity: II. Geodesics. ▶ https://www.spacetimetravel.org/sectormodels2/worksheets2.pdf.

Stichwortverzeichnis

A

Absorption und Emission, 94
Alcubierre-Drive, 38
Allgemeine Relativitätstheorie
Äquivalenzprinzip, 29

Bewegungsgleichung, 31
Christoffelsymbol, 31
Ereignishorizont, 32
Feldgleichungen, 30
Geodätengleichung, 31
gravitative Rotverschiebung, 33
kosmologische Konstante, 30
Krümmung Kugeloberfläche, 29
Rotverschiebungsparameter, 34
Schwarzschildmetrik, 31
Schwarzschildradius, 32
Wurmloch, 37
Äquivalenzprinzip, 29
Ätherhypothese, 8
Atommodelle
Bohr, 72
Dalton, 44
Rutherford, 46
Thomson, 45
Auswahlregeln, 94

B

Bohr'sches Atommodell, 72
Energieniveaus, 73
(In-)Stabilität, 75
Quantisierung
der Wellenlänge, 73
des Drehimpulses, 73

C

Casimir-Effekt, 67
Christoffelsymbol, 31
Compton-Effekt, 60

D

Dalton'sches Atommodell, 44

Demonstrationsexperimente
Franck-Hertz-Versuch, 112

Hohlraum, 107
kontinuierliches Spektrum, 110
Linienspektrum, 111
Photoeffekt, 108
Röntgenröhre, 113
schwarzer Körper, 107
Sektorenmodell, 106
Wirkungsquantum, 108
Dopplereffekt, relativistischer, 27
Drehimpuls (QM), 92
Betrag, 93
Bohr'sches Atommodell, 73
Spin, 95
z-Komponente, 92

E

Effekt, photoelektrischer, 55, 108
Einstein
Lichtquantenhypothese, 56
Photoeffekt, 55
Einstein-de-Haas Effekt, 97
Einstein-Rosen-Brücke, 37
Einstein'sche Postulate, 9
Elektrometer, 55
Elektron
Beugung, 62
de Broglie Wellenlänge, 61
diskrete Energieabgabe
siehe Franck-Hertz-Versuch76

Wellenfunktion, 62
Wellenlänge, 61
Elektronenspin, 95
Energie-Impuls-Satz, 20, 22
Energie, relativistische (Compton-Effekt), 60
Ensemble-Interpretation, 103

Ereignishorizont, 35

F

Feinstruktur, 98
Franck-Hertz-Versuch, 76, 112

G

Geodäte, 29
Geodätengleichung, 31

H

Heisenberg, Unbestimmtheitsrelation, 66

Hohlraum, 107
Hohlraumstrahlung, 49

K

Konstante, kosmologische, 30
Kopplung
  Bahndrehimpuls, 94
  magnetisches Moment, 91
Körper, Schwarzer, 107
Krümmung einer Kugeloberfäche, 29

L

Lamb-Shift, 99
Längenkontraktion, 18
Licht
  Hohlraumstrahlung, 49
  Photoeffekt, 55
  Planck'sche Strahlungsformel, 50
  Schwarzkörperstrahlung, 49, 54
  Spektrum, 54
  Stefan-Boltzmann Gesetz, 53
  Strahlungstemperatur, 53
  Teilcheneigenschaften, 61
  Weißabgleich, 55
  Welle-Teilchen-Dualismus, 69

  Wellendarstellung, 48
  Wien'sches Verschiebungsgesetz, 51

Lichtquantenhypothese, 56
Linienspektrum, 111
Lorentz-Kontraktion, 8

Lorentz-
  Transformation, 9, 15
  Herleitung, 12

M

Masse, relativistische, 24

Materie, dunkle, 40
Materiewellen, 62
Minkowski-Diagramm, 24
  Skaleneinteilung, 26
  Weltlinie, 24
  Zwillingsparadoxon, 25
Minkowski-Raumzeit
  4-er Vektor, 9
  Minkowski-Metrik, 12
  Wegelement ds, 11
Moment, magnetisches, 92
Multiplizität, 100

N

Nullpunktsenergie, 67

O

Operatoren in der QM
  allgemeine, 90
  Hamiltonoperator, 91

  Impulsoperator, 90
  Ortsoperator, 90

P

Photoeffekt, 55, 108
Photon
  Energie, 60
  Photoeffekt, 55
  Stoß mit Elektron, 61
  Vakuumenergie, 67
  Welle-Teilchen-Dualismus, 69

Planck'sche Strahlungsformel, 50

Q

Quantenschaum, 66

R

Rayleigh-Jeans-Gesetz, 49, 51
Röntgenröhre, 113
Röntgenstrahlung, 56
  Bremsstrahlung, 57
  charakteristische, 58
  Compton-Effekt, 60

Stichwortverzeichnis

Entdeckung, 56
Röntgenröhre, 56
Rotverschiebung, 40
  gravitative, 33
  relativistischer
    Dopplereffekt, 27
Rotverschiebungsparameter, 34
Ruheenergie, 23
Ruhemasse, 23
Rutherford
  Atommodell, 46
  Streuformel, 47
  Streuversuch, 46

S

Schrödingergleichung, 77
  2D Potentialtopf, 83
  Kugelflächenfunktion, 86
  Kugelkoordinaten, 85
  kugelsymmetrisches Potential, 84
  Potentialstufe siehe Tunneleffekt 82
  Potentialtopf, 80
  stationäre SGL, 78
  zeitabhängige SGL, 79
Schwarzer Körper, 50
Schwarzes Loch, 35
Schwarzkörperstrahlung, 50
Schwarzschildradius, 32
Sektorenmodell, 106
Sonne
  Oberflächentemperatur, 53
  Spektrum, 54
Spektrum
  der Sonne, 54
  Emissionsspektrum, 74, 75
  kontinuierliches, 110
  Linienspektrum, 74
Spezielle Relativitätstheorie
  Energie-Impuls-Satz, 20, 22
  Längenkontraktion, 18
  relativistische Masse, 24
  Ruheenergie, 23
  Ruhemasse, 23
  Zeitdilatation, 16
    Eigenzeit, 17
    Lorentz-Transformation, 15
    Minkowski-Metrik, 12
  Zwillingsparadoxon, 25
Spin-Bahn Kopplung, 97
Spin des Elektrons, 95
Spinoperator, 97
Stefan-Boltzmann'sches Strahlungsgesetz, 53
Stern-Gerlach-Versuch, 96

T

Thomson'sches Atommodell, 45
Tunneleffekt, 82
  Quantenmechanischer, 82

U

Ultraviolett-Katastrophe, 50

Unbestimmtheitsrelation, 66
Unschärferelation, 66

V

Vakuumenergie, 66

W

Warp-Antrieb, 38
Wasserstoff
  Drehimpulsquantenzahl l, 86
  Energieniveaus, Bohr, 73
  Hauptquantenzahl n, 87
  im Magnetfeld, 91
  Kugelflächenfunktionen, 86
  Laguerre-Polynome, 87
  magnetische Quantenzahl m, 86
  Orbitale, 88
  Spektrum, 74
Weißabgleich, 55
Wellenfunktion
  Auseinanderlaufen, 68
  Deutung, 65
  Elektron, 62
  Ensemble-Interpretation, 103
  Normierung, 65
  Wahrscheinlichkeitsdichte, 65

Wellenpaket, 63
Welle-Teilchen-Dualismus, 69

Weltlinie, 24
Wien'sches Verschiebungsgesetz, 51

Wirkungsquantum, 108
Wurmloch, 37

Z

Zeemann-Effekt, 94
Zeitdilatation, 16
Zeitreisen, 39
Zwillingsparadoxon, 25

MIX
Papier aus verantwortungsvollen Quellen
Paper from responsible sources
FSC® C105338

If you have any concerns about our products,
you can contact us on
ProductSafety@springernature.com

In case Publisher is established outside the EU,
the EU authorized representative is:
**Springer Nature Customer Service Center GmbH
Europaplatz 3, 69115 Heidelberg, Germany**

Printed by Libri Plureos GmbH
in Hamburg, Germany